DIGITAL
DO
ZERO

CB046241

CRIS FRANKLIN

DIGITAL DO ZERO

#COMECE A FATURAR NA INTERNET HOJE PARA NÃO SE ARREPENDER DEPOIS

MAP
Mentes de Alta Performance

NOVA PETRÓPOLIS / 2021

Capa:
Rafael Brum

Revisão:
Aline Naomi Sassaki
Marcos Seefeld

Ícones de miolo:
Freepik.com.br

Produção editorial:
Tatiana Müller

Dados Internacionais de Catalogação na Publicação (CIP)
(Câmara Brasileira do Livro, SP, Brasil)

Franklin, Cris
  Digital do zero : comece a faturar na internet hoje para não se arrepender depois / Cris Franklin. -- Nova Petrópolis, RS : MAP - Mentes de Alta Performance, 2021.

  ISBN 978-65-88485-08-8

  1. Desenvolvimento pessoal 2. Comunicação e tecnologia 3. Marketing digital 4. Marketing na Internet 5. Mídia digital - Inovações tecnológicas 6. Mídia digital - Aspectos sociais I. Título.

21-88003   CDD-658.8

Índices para catálogo sistemático:

1. Marketing digital : Administração   658.8

Aline Graziele Benitez - Bibliotecária - CRB-1/3129

Todos os direitos reservados. Nenhuma parte desta obra pode ser reproduzida ou transmitida por qualquer forma e/ou quaisquer meios (eletrônico ou mecânico, incluindo fotocópia e gravação) ou arquivada em qualquer sistema ou banco de dados sem permissão escrita da Editora.

Luz da Serra Editora Ltda.
Avenida Quinze de Novembro, 785
Bairro Centro - Nova Petrópolis/RS
CEP 95150-000
loja@luzdaserra.com.br
www.luzdaserra.com.br
loja.luzdaserraeditora.com.br
Fones: (54) 3281-4399 / (54) 99113-7657

NOTA À PRIMEIRA EDIÇÃO

Nunca vou esquecer o dia que conheci a Cris. Estávamos em Balneário Camboriú/SC, em um evento de empreendedores, onde a esmagadora maioria era composta por homens. Ela ficou emotiva durante o discurso ao relatar todas as dificuldades que enfrentou até alcançar os resultados que tinha até aquele específico momento. Foi ali que senti toda a sua garra e sinceridade, e me levantei para abraçá-la.

Só tenho a agradecer a oportunidade de conhecer a Cris, essa mulher guerreira que vai lá e faz, que mostra que é possível, que lidera e faz o que muitos não têm coragem de fazer. Ela não só ensina: ela pratica o que ensina, e isso a diferencia de muitos outros no mercado digital.

Se fosse para definir a Cris em uma palavra, seria resultado. Ela se preocupa não só com seus próprios resultados, mas também com os marcos, metas e objetivos de todos os seus alunos. Por isso, ela é sinônimo de respeito entre os empresários da internet.

Então, parabenizo a todos os leitores que decidiram ler este livro, pois ele tem o poder de ajudá-los a iniciar a maior transformação das suas vidas.

Boa leitura!
Lerry Granville

SUMÁRIO

PREFÁCIO

10

INTRODUÇÃO

14

PARTE 1
A hora é agora!
Por que entrar no
mercado digital?

50

PARTE 2
Como atingir os
resultados desejados
independentemente do
seu ponto de partida

74

Os três segredos de
um planejamento
estratégico

93

Planejamento e
replanejamento
no dia a dia

97

Como vender
todo dia na internet

112

Como errar muito
e ainda assim ter
resultados na internet

128

Rotina de alta produtividade no digital

142

De R$ 100 a R$ 1.000 por dia - Como definir metas financeiras

153

Como controlar seus resultados na internet?

160

Um erro grave que as pessoas cometem no digital

173

PARTE 3
A pergunta que mais ouço: não sei nada, como começar no digital?

181

Não tenho dinheiro, posso começar no digital?

195

Não tenho tempo, como começar no digital?

203

CONSIDERAÇÕES FINAIS

210

PREFÁCIO

Para ter sucesso no marketing digital, é necessário se dedicar, estudar e acreditar em tudo o que se faz. O sucesso é resultado de muito planejamento, estratégia e principalmente superação. A Cris Franklin é sinônimo de tudo isso.

A primeira vez que vi a Cris foi em um evento onde ela, assim como eu, trabalhava como afiliada do Fórmula de Lançamento, do Erico Rocha. Logo, nos tornamos concorrentes, e vou te falar, ser concorrente da Cris não é a coisa mais agradável do mundo. Ser concorrente da Cris significa que você precisa sempre se esforçar além do seu limite, pois se você não acompanhar o ritmo dela, ela sempre irá te superar.

Quando eu penso em determinação, força, garra e coragem, automaticamente penso na Cris. Ela é aquele tipo de pessoa que não desiste, que supera obstáculo atrás de obstáculo para alcançar todos os seus objetivos. Se encontra um problema, ela já pensa na solução. Ela faz dar certo, não importa o tamanho dos problemas e das dificuldades.

A Cris é aquela pessoa que não se dá por vencida, ela acredita muito em tudo o que faz e é isso que faz dela um ser humano único. Claro, ela tem seus medos e receios, sofre quando algo dá errado, mas o grande diferencial dela é que, não importa o que aconteça, ela sempre vai se levantar e fazer o que precisa ser feito.

Ela tem a capacidade de mudar e provocar a mudança nas pessoas. É fato que você é uma pessoa antes de conhecer a Cris e outra completamente diferente depois. Ela tem esse dom, ela acredita muito nas pessoas e é defensora da ideia de que todos os seres humanos têm muito mais capacidades do que acreditam. A Cris quer que as pessoas sejam agentes da mudança e que desenvolvam todas as infinitas capacidades que têm.

Ela se preocupa muito com todos. Quando a nossa empresa começou a dar certo, ela foi imediatamente ajudar os familiares e amigos – e isso que ela teve pouco apoio quando começou no Marketing Digital, já que tudo era muito novo e diferente, mas ela sempre teve visão, sempre acreditou no que estava fazendo e foi isso que a fez ser a mulher de sucesso que é hoje.

A Cris é visionária, ela enxergou as portas se abrindo e mergulhou nesse mar imenso que é o Marketing Digital. E se hoje esse mercado está cada vez mais propício para que mais pessoas possam mudar de vida trabalhando na internet, muito se deve ao trabalho dela.

E é por isso que fico imensamente feliz em ver que agora ainda mais pessoas poderão aprender diretamente com ela, por meio deste livro. Nesta obra, você vai conhecer um pouco mais da história da Cris e entender por que ela é autoridade no marketing digital; vai entender por que deve entrar no mercado digital o quanto antes, mesmo que não tenha apoio, tempo ou dinheiro para começar; vai conhecer os principais pilares e segredos para ter sucesso no digital; vai compreender a importância do planejamento e do replanejamento no seu dia a dia; vai aprender como é possível errar muito e ainda assim ter resultados na internet – porque você vai errar, isso é inevitável. Mas com a ajuda da Cris, você vai entender como minimizar as chances de erro e como se superar dia após dia, porque a Cris Franklin é inspiradora: ela passou por muitas situações difíceis e sempre se reinventou, e é por isso que ela alcança sucesso em tudo o que faz. E é esse sucesso que ela e eu desejamos a você que está iniciando hoje esta jornada.

Ótima leitura e muito sucesso!

Abraços
Romualdo Cronemberger

INTRODUÇÃO

Este livro tem como objetivo compartilhar a minha experiência de 16 anos no mercado digital, meus erros e acertos, meus principais aprendizados, a forma como trabalho e lido com meus negócios, para ajudar você a encurtar o caminho para fazer a diferença e ter sucesso. Quero te mostrar o que vivo no presente, o que penso do futuro, minhas próximas ações, quais caminhos trilhados no passado me permitiram chegar até aqui e usufruir dos meus resultados. Espero que isso te impulsione, energize, te ofereça uma visão estratégica e te ajude a criar um cenário mais próspero para que possa viver o digital e do digital, como é possível para mim e para tantas outras pessoas.

Aqui, você encontrará muito mais do que conceitos, técnicas e ferramentas para navegar no mar aberto da internet. Acredito no poder do autoconhecimento, de você entender a sua jornada e estar feliz com aquilo que está construindo. Cada um tem a sua história de vida, suas dificuldades e potencialidades. Não estou nesse mercado para competir, para ser a maior ou a melhor. Essas são métricas e simbologias de vaidade. Liberte-se do peso da comparação com outras pessoas que estão fazendo sucesso nas redes e acorde todo dia para ser eficiente, para usar a internet de forma inteligente e superar você mesmo, você mesma.

No início da carreira, o que mais temos é falta de autoconfiança e a mania de não acreditarmos na nossa capacidade, sendo assim, ao olharmos para alguém bem-sucedido, justificamos dizendo que aquela pessoa conseguiu crescer nesse ambiente porque tinha vantagens específicas, porque não enfrentou as mesmas dificuldades que as nossas.

Ao conhecer a minha história, você vai entender como no passado o cenário era extremamente mais complexo quando comparado ao de hoje. O mercado atual é mais fértil e temos muito conhecimento e informação disponível. Vivemos o momento perfeito para investir nosso tempo, energia e outros recursos e decolar; quem está começando agora, com determinação, vai crescer exponencialmente nos próximos anos.

O início de tudo

Na minha infância, eu era louca e alucinada por Sandy e Junior, a ponto de até nas paletas do ventilador de teto do meu quarto ter as fotos do Junior coladas para que eu pudesse ficar olhando para ele antes de dormir. Na época, eles lançaram um site em que era possível se conectar, conversar e conhecer outros fãs por meio de um chat. Me viciei de tal forma nesse novo meio de comunicação que dormia e acordava torcendo para o dia terminar rápido para entrar no chat novamente. Eram tempos de internet discada, por isso tinha que esperar para acessar depois da meia-noite, para economizar e não ocupar a linha de telefone.

Eu passava o máximo de horas que podia ou aguentava em frente ao computador e, com isso, comecei a desenvolver cada vez mais habilidades com a internet. Fiquei tão viciada que sair da frente da tela era uma tortura para mim, hábito, claro, nada saudável. Cheguei a me afastar do meu círculo social e de amigos da escola. Eu só pensava nas amizades que fazia pelo chat. Naquele momento, eu sentia ter encontrado a minha tribo, ter me encontrado, algo muito comum na adolescência, e isso para mim era muito importante. O paralelo a esses chats no mundo atual são os jogos nos quais os jovens interagem mesmo estando fisicamente distantes.

Eu tinha 16 anos, morava no interior do Espírito Santo, em Nova Venécia, e me mudei para Itaperuna, Noroeste do Rio de Janeiro, para terminar o ensino médio e cursar a universidade. Na metade daquele ano, passei no vestibular para o curso de Farmácia, me emancipei e fui para a faculdade. Cerca de dois anos depois, vi pela primeira vez na internet um banner amarelo que piscava na tela e dizia: "ganhe para clicar". Aquilo chamou a minha atenção, porque vivíamos um tempo de bastante aperto financeiro. Sou a caçula de seis irmãos e meu pai pagava faculdade para cinco filhos, três deles cursando Medicina. Ele e minha mãe se matavam de trabalhar para dar conta de tudo. Nunca nos faltou nada, mas não sobrava dinheiro para nenhum luxo ou supérfluo no final do mês. Meu sonho era ter um negócio que me desse uma boa renda e liberdade.

Nesse dia em que vi o banner, enlouqueci e fui entender como aquilo funcionava. Mas pirei mesmo quando o dinheiro começou a se materializar. Na primeira vez, ganhei R$ 7 e, na segunda, R$ 16. Para mim, foi um dia inesquecível. Fui ao mercado, parei em frente à geladeira de iogurtes me sentindo muito orgulhosa dos meus ganhos e pensei: "posso levar qualquer um deles, não preciso escolher pelo preço".

Sinceramente, não sei como sobrevivi nesse período da minha vida, tamanha a privação de sono. Quando eu não estava estudando, estava na internet buscando entender como ganhar dinheiro na rede. Foi quando descobri um curso (o primeiro que fiz, em 2006) sobre como vender e faturar pela internet, em que a promessa era ganhar R$ 1 mil por mês. Meu namorado na época topou a empreitada comigo, pagou o curso e, como resultado, começamos a vender um e-book no Mercado Livre por R$ 9,90 cada. Comercializamos mais de mil livros digitais, mas eram muito simples, em Word, e notamos que precisávamos melhorar.

Nesse período não havia sistema automatizado como hoje, era tudo manual. Então, quando eu chegava da faculdade, acessava os e-mails, respondia os clientes e entregava o produto. Foi quando deixamos de vender o e-book e partimos para um negócio mais sólido.

Nesse meio tempo, havia as comunidades do Orkut e entrei em uma empresa que se intitulava como de marketing multinível (quanto mais pessoas eu indicava, mais eu ganhava) e comecei a divulgar essa oportunidade nas comunidades do Orkut, colocava o meu MSN como contato e foi assim que, de forma muito intensa, tudo começou de verdade.

O retorno financeiro era muito interessante. A empresa que detinha o produto me pagava uma comissão pelas vendas. E, graças às minhas intermináveis horas nos chats da dupla Sandy e Junior, desenvolvi uma super agilidade, me tornando uma "ratinha" de internet.

Os scraps (como eram chamados os posts do Orkut) tinham uma modalidade em que era possível colocar cores nas mensagens. Aprendi todos os códigos e meus posts nas comunidades eram coloridos, chamativos e eu testava cores diferentes o tempo todo para verificar qual atraía mais gente (sem saber, eu já fazia teste de tráfego – e se você não souber o que significa essa palavra no contexto da internet, não se preocupe. Conversaremos nos próximos capítulos sobre essa e outras terminologias importantes que você precisa dominar, se quiser arrebentar no digital).

Meu MSN cresceu tanto que eu não dava mais conta de responder. Comecei a ganhar dinheiro de verdade quando os líderes de empresas multinível passaram a entrar em contato comigo, contratando meus serviços de geração de leads para suas empresas, ou seja, ofertava seus produtos para os potenciais compradores. Eu fazia campanhas no Orkut, divulgava a oportunidade de negócio da empresa que me contratava, direcionava as pessoas interessadas para um grupo de MSN com até 50 pessoas e vendia cada grupo por R$ 100. Foi um sucesso, porque os gestores dessas empresas não tinham ideia de como fazer algo que eu já dominava: marketing digital.

Nesse meio tempo, eu ainda estava na faculdade e trabalhava todas as madrugadas. Um belo dia, tirei o extrato da minha conta e o saldo era de R$ 4.600, valor bem alto para a época. Decidi que investiria em um computador novo, uma ferramenta imprescindível para o meu trabalho. A máquina que eu usava era um Frankenstein montado e consertado dezenas de vezes com peças de segunda mão compradas em uma lan house.

Fui às Casas Bahia com a mesma sensação de quando fui ao mercado com R$ 16 para comprar o iogurte. Até hoje, a cena e a felicidade que senti estão muito presentes na minha memória. Olhei para todos os notebooks e eu podia comprar qualquer um dos que estavam expostos. Escolhi o melhor de todos e uma bolsa bonita de couro para transportá-lo.

Depois de um tempo, o Orkut entendeu que aquilo que eu fazia (compartilhamento de posts de forma gratuita nas comunidades) era spam e foi bloqueando todas as minhas contas. Comecei a criar novas, mas ele identificou o meu IP, impedindo que eu seguisse com o negócio naquele formato. Foi quando conheci um rapaz do Rio de Janeiro e fizemos uma parceria: ele rodava as lan houses criando novas contas, pois cada estabelecimento tinha um IP diferente. É claro que isso durou pouco tempo, mas ele me ajudou muito, criando dezenas de perfis novos por semana, e para ele também foi uma fase intensa e produtiva, porque ele precisava muito daquele trabalho para sustentar a família.

Com a impossibilidade de fazer minhas campanhas no Orkut, quebrei. Perdi o meu negócio do dia para a noite, mas iniciei novas pesquisas em busca de outras formas de anunciar. Descobri o Google e, dentro dele, o Google AdWords, ferramenta para fazer anúncios. Mas, dessa vez, eu precisava criar um site. Estava desesperada, sem dinheiro, de uma hora para outra tudo mudou, e fui para a cidade do Rio de Janeiro para um curso presencial de uma semana, com custo altíssimo de passagem e hotel, para aprender a construir páginas na internet. Resultado: voltei mais perdida do que fui, não aprendi nada e só me perguntava "o que estou fazendo aqui?".

Continuei estudando. A muito custo, consegui fazer um site bem ruim, mas comecei da forma que era possível naquele momento, com o objetivo de fazer as campanhas das empresas que eu atendia pelo Google AdWords e os resultados foram surgindo. A diferença é que passei a usar uma ferramenta paga, enquanto o Orkut era orgânico. Dos R$ 100 que eu cobrava do meu cliente, tinha que investir uma parte nos anúncios para torná-los lucrativos e convertê-los em vendas. Meus clientes também estavam apavorados pela perda repentina de novos consumidores que vinham pelos pacotes que eu vendia, então o negócio continuou girando. E comecei a vender não somente para as empresas multinível, mas para donos de lojas no Rio de Janeiro, como uma que vendia celulares. E quanto mais ele vendia celular, mais ele comprava pacotes comigo.

Em determinado momento, o Google lançou uma nova regra, proibindo a divulgação de oportunidades de ganhar dinheiro. Na época, eram muito comuns ofertas que garantiam ganhos de R$ 15 mil, R$ 50 mil somente para indicar pessoas, sem necessidade de realização de grandes ações, um período de muita imaturidade do mercado. Para o meu negócio, foi um novo golpe, e fui de novo do céu ao chão. Percebi que era chegada a hora de me profissionalizar.

Como eu fazia campanha no Google, fui tirar o Google Advertising Professional – GAP, uma certificação que abria as portas do mundo do marketing digital para quem a tivesse. Mas, para isso, era preciso acertar 80% de uma prova dificílima, com 120 questões. Na época, havia pouquíssimas pessoas certificadas no país, a ampla maioria era de grandes agências brasileiras, que, antes da prova faziam um curso preparatório de uma semana em São Paulo. Eu não tinha como pagá-lo, mas decidi que passaria e construiria um negócio sólido no Brasil. Imprimi um material gigante que o Google disponibilizava com o conteúdo para a prova e mergulhei com a cara e a coragem. O caminho foram 14 horas de estudos diários por sete meses. Fiz a prova quatro vezes (US$ 90 cada taxa de inscrição). A primeira foi cinco meses depois de começar a estudar e acertei somente 20 questões. E a cada nova tentativa eu melhorava meu resultado. Na terceira vez, não passei por duas questões.

Desse período, me lembro de uma cena em que meu pai entrou no quarto num domingo e o cômodo estava todo escuro, porque minha irmã estava dormindo e eu estava ao lado, estudando com uma pequena luminária acesa para não acordá-la. Ele sentou ao meu lado e me disse que não era sustentável o que eu estava fazendo, porque eu ia acabar caindo doente focando tão obcecadamente naquela prova. Naquele momento eu já havia falhado três vezes e quase desisti, mas fui em frente pra mais uma tentativa. Finalmente a última! Quando passei, senti como se a porta do céu tivesse se aberto para mim. Foi um dia extremamente feliz que eu comemorei muito!

No dia seguinte à aprovação, a lista dos novos certificados com o selo GAP era publicada em um banco do Google acessado livremente pelas agências. Comecei a receber uma série de propostas de agências e empresas, mas não aceitei nenhuma. Peguei somente as campanhas de uma churrascaria no Rio de Janeiro, porque o que eu queria de verdade era abrir a minha própria agência de marketing digital.

E abri, mas com outra cabeça, mais madura, identificando e analisando todos os erros que cometi. Fazia minhas campanhas e comecei a ter grandes empresas como clientes. O meu formato era o de venda de leads por resultado. A empresa pagava para a minha agência e não para o Google. E eu vendia pacotes de leads com garantia de resultados, o que fez minha empresa explodir. Tinha até lista de espera de novos clientes. Eu não parava de anunciar para as empresas que me contratavam até atingir a meta. E isso me exigiu um nível de excelência nas minhas campanhas que era matar ou morrer, porque gerar resultado não era opcional – com o agravante de que o Google não era gratuito como nos meus tempos de Orkut. Eu tinha que pagar, gerar o resultado e ainda ter lucro. Mas deu tudo muito certo.

Fiquei dois anos com essa agência, trabalhando de sol a sol, de domingo a domingo, desenvolvi um sistema de controle das minhas métricas, investi mais de R$ 100 mil.

A grande virada

Eis que num belo dia, em 2013, enquanto eu trabalhava demais, vi a chamada da Fórmula de Lançamento, do Erico Rocha, e me inscrevi na primeira edição do curso, que ele ministrou presencialmente em São Paulo. Saí de lá querendo fechar a minha agência e lançar um curso on-line, mas eu tinha muitos clientes que não poderia largar do dia para a noite. Pensei em ensiná-los a fazer, mas seus perfis não eram do tipo que queriam colocar a mão na massa, mas de quem quer pagar para que alguém faça por eles.

Então promovi a Fórmula de Lançamento para a minha lista de clientes. E aquele foi o suicídio do meu negócio, porque eles viram nitidamente que eu ia fechar a agência.

Quando o curso terminou, no café da manhã no hotel, o Erico, que estava na mesa ao lado, veio conversar comigo, interessado em saber o que eu fazia. Eu disse que tinha uma agência de geração de leads e que gerava 2 mil leads por dia. Ele não acreditou, fez cara de deboche; e eu me senti muito desafiada. Fiquei com raiva. No mês seguinte ele ia promover o lançamento da

Fórmula e entrei como afiliada (uma espécie de revendedor ou representante que é comissionado por venda) com a meta de mostrar a ele como aquilo que eu dizia era verdade. Gerei 20 mil leads em 20 dias. Fiquei em segundo lugar e em primeiro ficou o Romualdo, hoje meu sócio. Nós nos conhecemos em uma viagem para Berlim – que ganhamos como prêmio para os três primeiros afiliados no ranking de vendas do produto. Nessa oportunidade pudemos nos conhecer, conversar e vimos que nossas habilidades se complementavam muito e o Erico foi o grande incentivador da nossa sociedade. O Romualdo faz copywriting como ninguém e eu sou especialista em tráfego como ninguém também, modéstia à parte.

No retorno da viagem, o Erico fez uma reunião insistindo na nossa sociedade e nos pediu para pensar e decidir no dia seguinte, afinal se tratava de uma decisão de vida. E eu disse: nada de esperar uma noite, vamos fazer esse negócio acontecer logo para não atrasar. Todo mundo se animou e fomos em frente. Juntos, construímos uma empresa com a nossa cara!

Eu precisava resolver as últimas pendências para o fechamento da agência, entregar as campanhas finais e, quatro meses depois, lançamos o Top Afiliado, um curso no qual ensinávamos os nossos alunos a gerar renda sendo afiliados, uma experiência que Romualdo e eu detínhamos. Como eu tinha muita habilidade em fazer as campanhas, passei a vender, como afiliada, produtos disponíveis na Hotmart e Clickbank (plataformas de vendas de infoprodutos no Brasil) e até em plataformas estrangeiras, e comecei a ganhar muito dinheiro dessa forma. A parceria era perfeita: ele, especialista em copy; eu, em tráfego.

Além do Top Afiliado, juntos já lançamos os treinamentos on-line Impulso Digital, Top Infoproduto, Você Referência, Páginas Matadoras, Certificação Profissional Classe A e o Digital Sem Barreiras (DSB). De lá pra cá, já treinamos milhares de pessoas para utilizarem todo o poder da internet nos seus negócios, mostrando o passo a passo para sair do absoluto zero ao desenvolvimento de negócios sólidos e sustentáveis.

Só no Top Afiliado tivemos mais de 10 mil alunos e vendemos R$ 5 milhões em dois anos. Temos uma sociedade duradoura e continuamos fazendo planos de longo prazo.

Antes de conhecer o Fórmula de Lançamento, durante sete anos, vivi o mundo digital com muita intensidade e várias derrotas, algumas delas bem grandes, quebrei praticamente três vezes fazendo anúncios e quase sempre muito sozinha. O empreendedor é muitas vezes solitário. E há 16 anos, falar que ia trabalhar com internet era uma loucura, ninguém apoiava.

Coisas que já me falaram quando decidi trabalhar com internet: "à toa, só fica no computador o dia todo, não sai, não faz nada". Somente quem está empreendendo, na luta, na lida, é que entende. Até eu ter a certificação do Google, minha família também era contra, e não por maldade, mas por instinto de proteção. Uma menina na faculdade, trabalhando em algo que não tinha a ver com sua formação, ingênua, sem recursos, que acreditava em tudo o tempo todo. Mas, no final das contas, essas minhas características foram positivas, porque fui para cima, caí e levantei algumas vezes, mas prefiro ser alguém otimista do que aquela cética que não acredita em nada.

Foi um período sofrido, mas também pude vivenciar algumas vitórias. Nesse período, pensei em desistir diversas vezes por puro cansaço. Até entender que, quando eu estivesse cansada, deveria descansar e não desistir. Essa é a característica das pessoas que geram resultados na internet. Minha cabeça entrava em colapso então, eu parava, descansava, depois eu encontrava a solução e o ânimo para continuar.

Não existe viver o seu negócio em constante equilíbrio, mas você consegue construir uma tranquilidade financeira com o tempo. É claro que o dia a dia é repleto de desafios, tem alguns picos de trabalho em determinados momentos, mas o nível de satisfação, saúde financeira (mais importante do que ser milionário) e o equilíbrio na vida são incríveis. Essa é uma das maiores conquistas quando penso em dinheiro, negócios e finanças. E é isso que ajudo as pessoas a construir. Primeiro de R$ 100 a R$ 1.000 por dia, depois surgem novos passos, novos marcos. Tudo é uma construção que passa por uma etapa inicial.

A minha experiência reflete uma história de muitas quedas, por isso dou esse conselho a você que está iniciando agora: quando estiver cansado, exausto, beirando o colapso físico e mental, dê uma pausa. Acredito que o fato de você ser persistente e não deixar de acreditar em si mesmo é uma das características mais importante para mantê-lo vivo no jogo.

Eu me dava o direito de cair, de chorar, de estar desesperada, mas nunca me dei o direito de não acreditar mais em mim mesma. Esse é um direito que não me dou. Por mais erros que você cometa, uma coisa que um empreendedor deve fazer é proteger a sua autoconfiança, além de acreditar em você, no seu potencial, principalmente nos momentos mais difíceis, porque, dessa forma, você se dá a oportunidade de seguir em frente. E os erros têm uma contribuição muito importante na construção dos acertos. Não existe um atalho exclusivo para não errar nunca mais.

O fato de você estar lendo este livro já demonstra a sua disposição em buscar meios para se encontrar, organizar a cabeça, seguir em frente. Isso acontece com qualquer ser humano.

E, nesse contexto, cuidado com as redes sociais, que colocam as pessoas como seres humanos perfeitos. Se você tem autoconfiança, pode conquistar tudo o que quiser na vida.

Espero que conhecer um pouco mais sobre a minha história te inspire, te dê forças, energia e ânimo no seu coração. Porque esse é o segredo para seguir.

O empreendedorismo precisa mesmo ser um caminho solitário?

Empreender exige muita vontade e determinação, porque é um caminho que, durante um período, se trilha sozinho. Por isso defendo muito a importância do desenvolvimento da inteligência emocional e de uma estrutura mental de autoconfiança e automotivação.

Comecei em uma época em que a internet era um ser desconhecido, um bicho de sete cabeças. Eu era tachada de louca e reprovada pelas pessoas mais próximas, que, na minha cabeça, eram aquelas que mais deveriam me apoiar. Eu também as julgava sem entender que naquele momento elas não faziam por mal, era apenas instinto de proteção, receio de que não desse certo, eu me desse mal e me frustrasse. Eles apenas ansiavam por um caminho mais seguro para mim.

No entanto, quanto mais eu me sentia solitária, mais eu me isolava. Não me esqueço da minha mãe dizendo que parecia que eu estava sendo apagada das fotos da família. Fui para o total extremo do isolamento. A solidão, para mim, foi mais difícil do que não ter dinheiro, porque impactava nas minhas emoções.

Até que cheguei em um ponto que estava me impedindo de avançar. E parei para pensar: por que alguém tem que me apoiar? Por que estou exigindo que as pessoas ao meu redor me incentivem naquilo que quero fazer da minha vida? E fui além: e eu, quem eu apoio? Quantas vezes olhei nos olhos de alguém e disse: "vai em frente"? Essa reflexão me ampliou a consciência e percebi que estava me colocando no papel de vítima, exigindo que as pessoas fizessem por mim o que eu mesma não fazia. Assumo que essa solidão e isolamento doem, e muito. Mas isso não é justificativa para deixar de perseguir o seu sonho.

Erico Rocha sempre me dizia: quando não temos resultado, somos loucos, mas quando temos, somos gênios. Dito e feito. Quando comecei a ter retorno, as pessoas se reaproximaram. Em um primeiro momento, julguei essa atitude, mas a verdade é que eu também quero estar perto de pessoas que lutam por um ideal até alcançá-lo, que são bem-sucedidas, que dão resultado, porque com elas posso aprender, crescer. Nelas eu posso me inspirar, porque somos a média das cinco pessoas com quem mais convivemos. Por que isso deixaria de ser normal quando é o contrário?

Não vou negar... levou um tempo para eu deixar de me importar com o que as pessoas falavam. Hoje, analiso os julgamentos como instinto de proteção, principalmente os dos meus pais, que queriam que eu me formasse e seguisse na minha área. Depois de entender, elaborar e superar essas questões, digo de todo coração: não culpe as pessoas que não estão te apoiando. Busque grupos na internet que debatem os temas do seu interesse.

Você que está começando do zero tem um **terreno arado** para cultivar, mas antes precisa jogar as sementes, plantar, regar, adubar, cuidar para que cresçam, se fortaleçam, floresçam e frutifiquem.

Aquele estágio de solidão acabou quando comecei a gerar resultados. As pessoas ficam curiosas para entender como funciona essa novidade. Fomos treinados pela sociedade para acreditar naquilo que a gente via: estudar e arrumar emprego ou passar em um concurso público. E aqueles que querem fazer diferente são vistos como lunáticos.

E quando você quer fazer algo que já deu errado, sempre terá alguém para dizer que fulano tentou e não deu certo. Mas eu foco naqueles que chegaram onde quero chegar. O que estão fazendo, qual a estrutura mental dessas pessoas, como elas estão agindo, o que elas estão falando, porque quero aprender com elas, quero modelar.

Por isso é importante sempre se cercar e ouvir pessoas que estão em estágios superiores ao seu. Se eu ficar só ouvindo pessoas que estão em um estágio anterior ao meu, profissionalmente falando, vou retroceder. E, quando não temos o apoio que queremos, muitas vezes o que precisamos fazer é oferecer o nosso apoio para o outro.

Quando você quer ou precisa muito do apoio de alguém que convive com você, coloque os vídeos e palestras dos seus mentores, das pessoas que te inspiram, em um volume mais alto para que a pessoa também escute, sem comentar nada. Mas não crie expectativas de que o outro vai comentar ou qualquer coisa do gênero. Coloque um vídeo para que as explicações venham daquela pessoa que tem mais tempo de mercado, que já tem resultado, mais experiência, mais propriedade no assunto. A forma como o especialista explica é mais didática justamente por ele ter mais domínio.

E não perca o foco do que você deseja alcançar. A melhor vingança é você dar certo, pelos seus caminhos, pelas suas escolhas. Mostrar para as pessoas que eu seria feliz e seria bem-sucedida com o que eu faço foi minha grande motivação.

Somos humanos e queremos ser reconhecidos pelas pessoas que estão ao nosso redor. Queremos ouvir "nossa, que legal". Isso demonstra que somos importantes. Mas a questão que mais importa é que você precisa se apoiar e acreditar em si mesmo. **Não importa quanto tempo leve e o que digam, o importante é fazer até dar certo.** Esse tipo de pensamento é essencial. Liberte-se da necessidade de aprovação do outro.

#FazerAtéDarCerto

**OS SEUS SONHOS SÃO SEUS.
Não os transfira para ninguém.
E o seu objetivo de vida pode não ser
o da outra pessoa, e tudo bem!**

Além disso, a solidão não é de todo ruim. Nela você ressalta os seus pontos fortes. Não espere que outra pessoa faça isso por você. Faça exercícios de visualização, olho no olho no espelho e diga para si mesmo, para si mesma: hoje você vai arrebentar, vamos fazer acontecer, isso vai passar, é um ciclo, você é abundante.

#DESAFIO

Proponho que faça esse exercício todos os dias pela manhã, ao acordar. Anote aqui quais frases de motivação você dirá para si mesmo hoje durante o dia:

_____
_____
_____
_____
_____
_____
_____
_____
_____
_____
_____
_____
_____

#DESAFIO

Também quero propor um exercício bem simples, mas poderoso:

Pense em uma pessoa, grave um áudio de 30 segundos ressaltando os pontos fortes dessa pessoa e mande para ela. Experimente! A positividade anula a negatividade.

E se você está duvidando e achando tudo isso uma grande bobagem, te convido apenas a experimentar! Faça e veja o que acontece. Ser uma pessoa de alta performance com uma vida abundante passa por exercitar esse tipo de atitude até que se torne automática.

E como fazer isso quando você não está bem e se sentindo muito só? Primeiro, identifique qual o seu tipo de solidão: aquela em que está realmente sozinho ou aquela em que se sente sozinho no meio da multidão? Reflita sobre isso, aprenda a apreciar e amar a sua própria companhia. Esse fortalecimento te libertará da opinião alheia.

E preste muita atenção! O sentimento não inibe a ação. Você pode ficar triste, sentir raiva, chorar. Mas chore andando, seguindo sempre em frente, acreditando que você dará certo, que a sua própria presença é suficiente, porque o importante é você saber o que quer para sua vida. Isso não significa que ficará imune contra o sofrimento ou que o apoio de outra pessoa não faça falta, mas a questão é: não permita que isso te pare, principalmente os seus próprios sabotadores, aquelas vozes internas que ficam martelando na sua cabeça: não tenho dinheiro, não tenho tempo, não tenho apoio, não sei por onde começar...

Os exercícios que propus ajudam. Não deixe de fazer, mas não perca de vista que também temos que avaliar a hora de desapegar, deixar para trás, nos afastar, mesmo que temporariamente, de uma pessoa que tira a nossa autoconfiança.

E não entenda esse afastamento como algo negativo, mas como um processo que faz parte do seu trabalho até para que consiga focar. Se questione se deve estar em determinados grupos de WhatsApp, com determinadas pessoas naquele momento. Essa convivência mesmo que digital está mais agregando ou atrapalhando, está contribuindo ou te tirando do foco? Os conteúdos são enriquecedores ou tiram a sua energia?

Quando o apoio que esperamos da outra pessoa é o financeiro, parece ser mais complexo, mas questione-se: partindo de mim, o que posso fazer para sair dessa situação de dependência? Você pode decidir que quer se libertar de determinadas situações, quer mudar o estilo de vida. O foco, a determinação e a disciplina em suas ações podem atuar como um ímã que atrairá o apoio de que precisa. Mas não se prenda a essa necessidade do outro.

E encontre a sua tribo! O apoio virá de pessoas que estão na mesma busca que você. Só não use como desculpa a falta de incentivo de outras pessoas para não realizar as suas metas. Libertar-se do julgamento alheio é exercício difícil e diário, mas vale a pena. Permita-se construir o seu próprio apoio. Apoie as outras pessoas e crie um ambiente e uma energia melhor para todos, de felicidade e gratidão. Identifique o ponto forte das pessoas ao seu redor e traga isso para a realidade delas. E segura o que vou dizer: faça isso sem exigir nada em troca, respirando fundo e cuidando para que esse comportamento se torne um hábito.

Olha só o ponto de onde saiu: da reclamação do "ninguém me apoia" para ser alguém que levanta as outras pessoas. Que mudança! E aí você vai entender por que os resultados começarão a aparecer, porque esse modo de ser ativa e aumenta o seu poder de ação, de alta performance e de abundância.

O mercado digital é muito inovador e está repleto de espaço para fazer novos negócios crescerem e se desenvolverem. A cultura do digital ainda está em construção. Por isso, aproveite para se dedicar e se consolidar o quanto antes. Ame os seus momentos com você mesmo e não encare isso como solidão. E crie instinto de proteção. Não se permita ouvir qualquer coisa de qualquer pessoa.

Eu sempre trabalhei no digital com uma meta financeira e isso me diferenciou muito no mercado. Se você não tem uma meta financeira muito clara na sua cabeça e no papel, quem tem está na sua frente, porque acorda todos os dias focado nela. Quando comecei, eu era tão ingênua que contava minhas metas para todo mundo. Mas por que eu falava? Porque queria aprovação. Estava desesperada para alguém me dizer: siga em frente que vai dar certo.

Se você não tem ninguém para dizer essas palavras, eu te digo: Vá para a arena da vida e não escute quem não tem coragem de se expor. Escute apenas quem tem a ousadia de ir também.

RESUMO DA CONVERSA:

- Tire esse peso de depender do apoio alheio. Use a sua clareza de saber onde você quer chegar com o seu próprio apoio.
- O novo ciclo será construído aos poucos, mas com consistência, sempre em frente, mesmo que às vezes sinta raiva, medo ou tristeza.
- As pessoas podem estar te reprovando por instinto de proteção.
- As pessoas vão te apoiar quando você tiver resultado. E tudo bem!
- Precisa partir de você: enalteça as outras pessoas e o retorno virá.
- Faça seus exercícios de visualização diária, diga coisas positivas para você mesmo.

- Passe a se amar cada dia mais nesse limbo da solidão.
- Faça os exercícios propostos todos os dias.
- Naturalmente isso vai se transformando em apoios crescentes de onde você nem imagina.
- Defina sua meta financeira e coloque foco total nela.
- Compartilhe suas metas apenas com quem estiver ligado ao atingimento delas: um sócio, parceiro de negócio ou sua equipe. E se o seu voo ainda é solo, ninguém mais deve saber.
- Acredite: você tem recurso (interno) e energia para fazer o que quiser.
- Seja obcecado por buscar soluções.
- Decida mudar a partir de agora!

Multiplique o seu poder de ação

As pessoas sempre me perguntam qual é a chave para o sucesso. Há muitas teorias e práticas que te ensinam a chegar lá, mas quero compartilhar a minha forma de multiplicar o meu poder de ação: cuidar da minha energia filtrando o que vejo e ouço. Parei de assistir a telejornais e tento ao máximo me blindar contra notícias ruins e discussões políticas no dia a dia. Calma! Não sou uma alienada desinformada, mas é importante reduzir a exposição a conteúdos que não agregam e geram sentimentos ruins.

Todas as pessoas de maior sucesso no mercado digital que fazem parte do meu círculo de amizades têm esse ponto em comum. Estamos em um momento de ação, então você deve estar com o seu plano nas mãos, cuidando da sua energia e da sua estrutura mental para ter capacidade de executá-lo. Quanto mais leve estiver a sua mente, melhor e mais eficiente o seu trabalho em todas as etapas.

Invista no consumo de boas informações, filtre com bastante seriedade quem você segue nas redes sociais. Pare de consumir conteúdo lixo. Se você atrasar a sua execução por falta de foco, estará literalmente perdendo dinheiro.

Cuide da sua energia, da sua vibração, da sua alegria, mesmo que esteja tudo um pouco confuso ainda. Você é o responsável pelo seu bem-estar! É essa energia que comandará seus resultados e sua capacidade de aplicar todo o seu plano de execução.

PARTE 1

A HORA É AGORA!

POR QUE ENTRAR NO MERCADO DIGITAL?

Sabe qual é o melhor momento para iniciar um novo negócio, uma nova carreira ou construir uma renda extra no mercado digital? Agora!

O solo está fértil, o terreno está arado, preparado para receber as sementes que você estiver disposto a cuidar, cultivar, regar e fazer crescer. Assim como nessa analogia da plantação, é preciso de um tempo para que o seu projeto se estabeleça e se consolide, não é da noite para o dia como muita gente pensa.

As pessoas entram com grandes expectativas no mercado digital, tanto de ganhar muito dinheiro, de ficar milionário rapidamente, quanto de ter qualidade de vida e de faturar enquanto dormem.

Mas é preciso ter em mente que os resultados são consequência da construção de uma trajetória. Quanto mais tempo você estiver no mercado, melhores, maiores e mais expressivos serão os seus resultados.

O primeiro passo é se estabelecer. A partir do momento em que está dentro, você se coloca em condições de aproveitar melhor as oportunidades. Sua decisão de estar no mercado, de ingressar o mais rápido possível, aumenta a sua motivação.

Tudo é feito de ciclos, inclusive o mercado digital. Neste momento, o mundo está cada vez mais digital, as pessoas estão comprando mais pela internet, muita gente que nunca tinha feito uma compra on-line agora utiliza esse meio, as pessoas buscam autoconhecimento pela internet (e-books, cursos, audiobooks) e tudo isso cresceu exponencialmente com a pandemia. Até supermercado on-line as pessoas passaram a fazer mais.

Aproveite esse ciclo. Agora é o momento de tomar a decisão. O mercado não aceita quem pensa demais. Se você estiver pensando qual o melhor momento do mercado, acredite, é agora. E o melhor momento da sua vida também é agora. Está nas suas mãos o poder de criar as condições ideais para você mesmo durante o processo.

Meu pai teve a oportunidade de comprar alguns lotes em Vitória, no Espírito Santo, há algumas décadas, já estava tudo certo para a compra e, no fim, não sei bem o porquê, o negócio não se efetivou. Hoje é um dos lugares mais valorizados da cidade, mas, por ter pensado demais, meu pai deixou de comprar. Hoje ele olha para trás e se arrepende.

Não permita que o mesmo aconteça com você. Você está lendo isso, tomando conhecimento, tendo clareza, consciência do tamanho e do potencial desse mercado. Não importa o que você tenha vivido até aqui, de onde tenha vindo... É um mercado que não julga ninguém, não tem idade certa para entrar, é para qualquer pessoa. O que importa é que, a partir de agora, você pode tomar a decisão de entrar, de fazer ofertas de produtos digitais – há muito poder de compra e o potencial é gigante. Mas um alerta: só entrar não é o suficiente. É entrar com a visão para aprender a vender e não ficar cinco anos com medo, trava mental e crença de que não gosta ou não consegue vender. Em vez disso, comece a pesquisar e a falar "quais são as ofertas de valor que posso colocar no mercado para impactar a vida das pessoas, que vai me fazer construir o meu negócio?". Adote estruturas e formas de pensar que te coloquem numa linha de produtividade maior.

E por onde começar? O que faz você entrar é o que te mantém, ou seja, a primeira coisa é aprender a vender. E para isso é preciso ter uma oferta – não só na internet. Os negócios só existem quando eles vendem. E é preciso ter processo de vendas para alcançar e conquistar cada vez mais clientes.

Aprender a vender pela internet é fundamental. É o caminho para fazer a primeira venda, as primeiras 10, as primeiras 100, e escalar cada vez mais o seu negócio. Quando comecei a trabalhar com a internet, investi muito tempo e energia em buscar produtos que eu pudesse comercializar. Por isso, reconheço que uma das grandes dúvidas das pessoas que querem entrar no mercado é: como identificar o produto, o que devo fazer para vender? Minha estrutura de pensamento sempre foi muito direcionada para a ação. A partir do momento em que eu aprendesse aquilo, eu teria a minha carta de alforria, a senha para a minha liberdade financeira. Mas me faltava estratégia e, a cada vez que dava um problema, o estresse para solucioná-lo era gigante.

Quando comecei, a metodologia que eu usava para me manter no mercado era "sair fazendo". Você pode até ter esse perfil mais impulsivo e fazer dessa forma às vezes, mas não pode faltar estratégia. É preciso se colocar uma meta que permita o seu estabelecimento e manutenção no mercado. Dar conteúdo e construir sua lista é importante, mas não prioritário. O essencial é aprender a vender, mas precisa começar a vender o quanto antes, para que os recursos venham para garantir a sua manutenção. E se você não começar, faltará dinheiro e você vai acabar desistindo.

E, nessa busca incessante, existem dois tipos de desespero: o negativo, que, por falta de dinheiro, não te permite seguir; e aquele que na minha empresa chamamos de EDT, Estado de Desespero Total, um estresse positivo para que consigamos colocar no ar todo o necessário dentro do prazo. Esse desespero que você está sentindo hoje por estar começando tem que ser transformado em força, impulso de ação para realizar e não virar justificativa para não ter seguido a vida que você sonhava.

Não ter dinheiro não pode ser uma barreira, mas uma indignação, uma força propulsora para a busca de soluções. Pergunte-se: como resolvo isso?

Quando decidi, há dezesseis anos, que queria vender pela internet de qualquer jeito, estava fazendo faculdade de Farmácia e lutando contra o meu meio social cheio de atritos, que não era favorável à minha decisão, além das barreiras do próprio mercado. Entrar no mundo dos produtos digitais me trouxe muito mais potencial para sair das dificuldades que eu enfrentava.

O mercado ainda tem muito para crescer nesse sentido, mas as pessoas estão investindo cada vez mais em educação, em autoconhecimento. Dentro da sua decisão emergencial de mergulhar de cabeça nessa área, tenha a visão transformadora do digital. E digo isso com muita certeza, porque assisti a muitos alunos mudando de vida. Esse é o seu potencial a partir de agora. Substitua a pergunta "será que eu entro?" pela decisão de entrar agora de forma emergencial. E busque respostas que te coloquem em movimento rumo ao que você deseja. O que tenho que fazer? Tem que aprender a vender. E o que vou vender? Comece fazendo pesquisas para entender as possibilidades e escolher seu nicho. Ao pensar na pergunta, elimine as barreiras. Reconhecer que existem dificuldades e desafios é natural, mas desenvolva uma mente voltada para a solução.

Uma das maiores loucuras que eu fazia na vida era colocar prazos para coisas que eu nem sabia como fazer. Em dois meses tinha que vender uma quantidade específica de um produto que eu nem tinha descoberto ainda. E muitas vezes esse é o caminho, se encorajar, dar o start para acordar todo dia pensando na sua decisão, porque isso dará a ela a urgência necessária. Você terá que abrir mão de coisas de que gosta, vai se enfiar numa lata de sardinha, porque vai ficar apertado, mas faz parte do processo e eu garanto: vale a pena!

Ter uma meta é fundamental, mas cuidado para não confundir determinação com teimosia, para não insistir em algo que não está dando resultado. Uma aluna nossa faturou R$ 40 mil em um mês. Ela iniciou o investimento em anúncios e disse que isso estava dando muito frio no estômago. Comentei com ela: "Esse frio sempre vai te acompanhar". Não temos certeza absoluta de que tudo o que fizermos vai dar resultados positivos, mas temos que acreditar, investir e buscar oportunidades. E também estar atento sobre o momento de corrigir, recalcular a rota dentro do seu plano.

Perca o medo e entenda que vender é bom!

A primeira coisa que ensino aos meus alunos é: entenda que vender é bom! Quando você está se candidatando a uma vaga de emprego, por exemplo, você nada mais está fazendo do que se vender. A vida é uma eterna venda. Se você sabe vender, pode fazer o que quiser. Calcule o quanto entrou na sua conta bancária nos últimos 30 dias e quantas horas você trabalhou; divida um pelo outro e você verá por quanto vendeu a sua hora. Mas ganhar dinheiro só faz sentido quando gera transformação, resultado positivo, quando resolve um problema e gera valor, senão uma hora a empresa quebra ou você é demitido.

Eu não cresci em um ambiente familiar de vendedores. Minha família sempre valorizou os estudos para conseguir um bom emprego ou passar em um concurso público. Nenhum problema com relação a isso, mas esse não era o meu propósito. E aqui, considero importante esclarecer que o digital é um mercado justo. Não recomendo o investimento zero, mas você pode começar com R$ 10 por dia, porque o mercado te permite isso: começar pequeno, aos poucos, com responsabilidade. Sempre fui muito audaciosa ao pensar em metas financeiras, mesmo com os pés no chão, começando pequeno e crescendo aos poucos.

Minha vida financeira estava muito atrelada às condições da minha família. Poderia ter pensado em ter uma rede de farmácias, ter sido audaciosa a partir da minha formação, porém, não tinha condições para aquilo. Precisaria ter um lastro financeiro inicial, mas, como não era o caso, esse lastro teria de ser construído ao longo de uma vida trabalhando em uma empresa.

O que mais me encantou no digital foi justamente a possibilidade de começar pequeno e ir crescendo. Quando consegui meu primeiro cartão de crédito com limite baixo, utilizei para investimento nos anúncios para as minhas campanhas. E, à medida que isso dava retorno, eu aumentava gradativamente o investimento para acelerar os resultados. Comece pequeno, mas cresça a cada retorno, não estacione. Quando você consegue vender uma vez, vai aprimorando o processo e passa a repeti-lo para fazer 10, 100, 200 vezes.

Mais uma coisa: comemore cada pequeno avanço. Comemore sua decisão emergencial, vibre com isso, porque produz energia. Comemore cada venda, cada real que entrar. É muito importante! E coloque na sua mente: quero vender logo! Quando você aprende a vender, vai multiplicando, vai repetindo o processo, e se estabelece no mercado para ganhar mais habilidade. Se você não está treinando nada, está sentado no sofá e surge uma oportunidade de campeonato esportivo, você não estará pronto para aproveitar a oportunidade. Mas como a pessoa chega às Olimpíadas? Quando já treinava muito tempo antes. Faça o mesmo com o mercado digital: treine todos os dias.

Fazer a primeira venda não resolve a sua vida, mas é um caminho sem volta. Tudo começa pela primeira venda.

Um exercício que eu fazia muito era entrar nas plataformas de vendas de produtos digitais para ver o que as pessoas estavam vendendo, quais os segmentos disponíveis. Hoje tem de tudo. Tenho alunos que vendem curso de japonês, e-book de apicultura e muito mais. Mesmo eu estando há tanto tempo nesse mercado, sempre me impressiono.

Se você me perguntar qual o nicho mais lucrativo para investir, não serei capaz de responder, porque tem público para absolutamente tudo, para as coisas mais impensadas. E o que vai te dar resultado será onde você coloca todo o seu foco. As pessoas querem comprar, querem ter benefícios, é para isso que as pessoas trabalham. O que não querem é comprar coisas sem valor. Uma venda ruim é vender algo sem valor.

E não olhe para o seu produto pelo seu valor, mas olhe pelo quanto a pessoa que vai comprar de você vê de valor.

Meu sócio Romualdo, nerd raiz, desde a época em que ser nerd não era elogio, conta uma história sobre o apocalipse zumbi. Em um jogo, um dos personagens analisa se um shopping center seria um bom lugar para se abrigar de um ataque de zumbis. Como há uma livraria, ele poderia buscar conhecimento nos livros para encontrar ainda mais soluções. E ele respondeu que não gostava de ler, que não seria uma boa opção. Ao que o outro respondeu que ele estava em um apocalipse, não era hora de fazer corpo mole. Ou seja, sempre haverá desafios. Por isso temos que pensar: é hora de fazer corpo mole ou arregaçar as mangas e partir para a ação?

#DESAFIO

Sem prazos, dificilmente as pessoas se movem em direção aos seus objetivos. Por isso, gostaria de te propor um desafio, que você poderá considerar muito louco em um primeiro momento. Responda: em quanto tempo você vai começar a vender pela internet?

Eu, _____
_____,
me comprometo a começar a vender pela internet a partir do dia ____/____/____.

#DESAFIO

Complete a frase anterior, visualize essa meta todos os dias e você verá a diferença que isso fará na sua vida. Você será tomado por um desespero produtivo – e é assim que tem que ser.

Você encontrará tempo porque será prioridade. Isso te fará suar frio e é essa sensação, esse desconforto, o "sovaco" molhado, que você precisa sentir para sair do lugar e evoluir. Não deixe de fazer esse exercício.

Sou muito movida por metas. Quando não tenho uma meta para bater, fico desnorteada, com a energia baixa, parecendo um leão enjaulado.
Não se prenda!
Movimente-se!

#DESAFIO

- Decida entrar na internet e considere essa decisão como algo emergencial.

- Pesquise e entenda qual categoria de produtos pode te alavancar.

- Tenha a mentalidade de começar pequeno com crescimento gradativo. Entrar no mercado digital com a ilusão de ficar milionário em pouco tempo não te leva à criação de um negócio sólido.

- Estude as plataformas de produtos digitais para se inteirar, entender quais produtos são vendidos, de que nichos, com que frequência. Essa é a melhor forma de estudar o mercado.

- Responda àquela pergunta que vai te fazer suar frio, mas vai te impulsionar: quando seu produto digital e

#DESAFIO

- oferta estarão no ar para início das vendas e geração de valor na vida das pessoas?

Esse exercício fará com que seu corpo e sua mente se movam na direção correta. E aí novos desafios vão surgir e você vai entender que isso faz parte da jornada. Quando seu cérebro começa a trabalhar e concebe a solução, você trilha o caminho.

Vale a pena cada gota de suor, porque o que está em jogo é a conquista da sua melhor qualidade de vida, saúde financeira, equilíbrio e prosperidade.

Com esses exercícios em mãos, vá à luta. Quem está começando hoje é quem vai decolar nos próximos anos no mercado digital.

O próximo grande salto no mercado de marketing digital

A imensa maioria das pessoas é ótima em produzir conteúdo. Todo mundo tem uma expertise ou conhece alguém que é especialista em algum assunto, mas não tem a habilidade de vender. Se você pensar um pouquinho, consegue listar de cabeça algumas pessoas com habilidades incríveis, como artesanato, piano, escrita, idiomas, culinária. Eu, por exemplo, tinha um professor de piano que chegava para me dar aula todo suado, porque vinha de longe no transporte público. Ele era muito habilidoso em sua arte, mas vivia naquela correria de vender o almoço para comprar o jantar. E por que esses experts não estão decolando? Porque não sabem monetizar no mercado digital.

Monetizar é pegar um produto e uma oferta que funcionam e colocar na frente das pessoas que precisam daquela solução, mostrando quais resultados serão gerados se elas adquirirem.

Atualmente minhas aulas de piano e de inglês são on-line. E quantos cursos de piano e de inglês que propõem métodos e benefícios diferentes existem hoje na internet? É preciso entender a lógica da existência de um mercado como esse. Eu poderia encomendar ao meu professor, pagando a ele por um curso básico de piano em vídeos, ensinando a tocar as suas primeiras cinco músicas em 48h. Ele toparia na hora, porque produção de conteúdo é sua especialidade. E na hora de monetizar, eu cuidaria de tudo. A forma como o professor sabe monetizar é licenciando o produto e recebendo um valor fixo para produzir.

Comecei na internet como afiliada, ou seja, vendendo o produto de um expert e ganhando como comissão uma porcentagem do valor da venda. O afiliado entende de vendas, tráfego, conversão, sabe quanto vai pagar para fazer uma campanha e quanto terá de retorno. Se não sabe, deveria saber.

> Um exemplo para tangibilizar:
>
> **1.** Vendo um produto de R$ 500
>
> **2.** Ganho R$ 200 de comissão (como afiliado)
>
> **3.** Invisto R$ 100 em anúncios para conseguir fazer cada venda (ou seja, o meu CPV – Custo por Venda, é de R$ 100)
>
> **4.** Meu lucro é de R$ 100

Por isso, o afiliado tem que ser um excelente vendedor e entender cada vez mais de campanhas de tráfego no Facebook, no Google ou em qualquer outro canal.

Como afiliada, eu fazia inúmeras campanhas e vendia de 5 a 10 cursos por dia. Quando decidi me tornar produtora, uma área que exige excelência em conteúdo, em didática (onde tenho me desenvolvido para me aperfeiçoar ao máximo) e também em vendas, muitas pessoas me diziam: "Cris, por que mudou de lado se já tinha uma vida financeira confortável como afiliada?".

A questão é que, a menos que o produtor comissione afiliados, ele fica com 100% da comissão. Por exemplo: um dos produtos que lancei custou R$ 497 e eu só pagava o CPV de R$ 100. Então, em vez de ganhar R$ 100 como afiliada no primeiro exemplo, eu ganhava R$ 397. Meu interesse foi aumentar a minha lucratividade e o meu potencial de escalar, de aumentar meu negócio – foi quando cresci exponencialmente. Mas o produtor tem que ser muito bom em conteúdo, além de desenhar um método, ter estratégia para aplicá-lo e executá-lo.

Produzir conteúdo envolve um trabalho de alta responsabilidade, é uma grande missão. Nesse cenário, eu não poderia mais ficar 100% focada no tráfego. Como produtora, a minha lucratividade é maior do que como afiliada, mas fico limitada com relação à variedade de cursos que posso lançar de diferentes nichos e temas, porque não consigo ser especialista em mais de um assunto. Como produtora, não sou capaz de ser professora de piano, ioga, jardinagem e Photoshop, por exemplo. Mas o mercado de licenciamentos é o melhor dos dois mundos e, na minha percepção, representa o maior salto do mercado digital nos meus dezesseis anos de atuação. O primeiro foi quando descobri o mercado de afiliados, depois a Fórmula de Lançamento e comecei a lançar os meus cursos, e o terceiro foi o salto no e-commerce.

No mercado de licenciamentos, o produtor é expert em conteúdo e consegue comercializar produtos de extrema qualidade a preços irrisórios. Você paga um valor fixo pela produção e os ganhos com vendas podem ser incríveis se você conseguir trabalhar bem o conjunto **[oferta + anúncios]**.

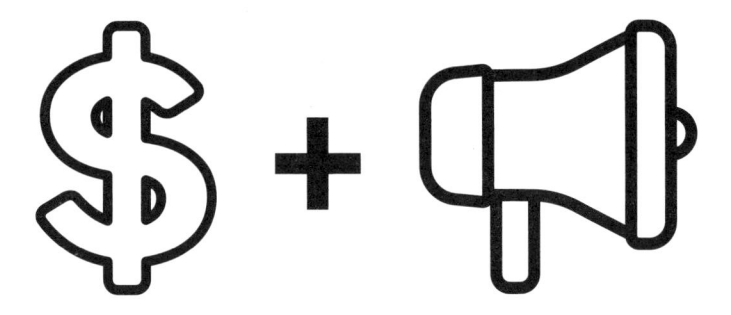

Se eu não soubesse lançar e não entendesse de mercado digital, poderia ter licenciado o meu produto Top Afiliado por R$ 10 mil e a pessoa ou empresa responsável pelas vendas teria faturado mais de R$ 5 milhões em dois anos. É uma diferença enorme.

Há uma infinidade de produtos disponíveis para licenciamento no mercado internacional, produtos de extrema qualidade a preços irrisórios, de nichos totalmente diferentes e ilimitados: ioga, bitcoins (criptomoedas), rejuvenescimento da pele, curas naturais contra alergias, Fit in 15 (funil de vendas completo em emagrecimento), etc. Esses são apenas alguns exemplos para você entender a amplitude do mercado, mas há mais oportunidades do que sou capaz de lançar, mesmo com toda a expertise e facilidade de produtos prontos para serem vendidos hoje.

Quantos infoprodutos de emagrecimento temos no Brasil? Incontáveis! A mesma coisa pode ser vendida diversas vezes de diferentes formas. Eu tinha mais de 2 mil afiliados no meu curso. E mesmo que todo mundo lance parecido, existe demanda para todos esses nichos e tudo vai depender da sua capacidade de gerar tráfego e fazer esses produtos serem apresentados para as pessoas certas. Sou apaixonada por tráfego porque conheço o seu poder de dar resultados extraordinários. Temos um mundo infinito de possibilidades e essa visão nos liberta de uma série de crenças limitantes.

A justificativa de que já tem muita gente vendendo o mesmo produto cai por terra quando você aprende a masterizar o mercado de licenciamento de produtos na íntegra, desde o processo de selecionar e otimizar, até estruturar, lançar e vender. Não é só sobre ter acesso à infinidade de pessoas, mas treinar a sua mente para ter visão e estratégia para potencializar e masterizar o processo de vendas. Você, a partir de agora, precisa desenvolver essa percepção.

O MERCADO DE LICENCIAMENTOS É **COMPATÍVEL** COM O CONCEITO DE **INFINIDADE:** EXISTE MUITO MAIS DO QUE VOCÊ É CAPAZ DE LANÇAR!

Por isso tenho a convicção de que esse é o próximo grande salto do mercado digital.

A habilidade mais poderosa que você pode desenvolver nesse momento é a de monetizar. Tenha e assuma essa missão. Tem gente precisando dormir, acabar com a dor na coluna, tem gente precisando aprender a tocar algum instrumento, porque a música a tira da depressão. Para outras pessoas, o inglês é o salvador da pátria, porque vai ajudá-las a buscar um bom emprego para conseguirem se sustentar e realizar seus sonhos. Todo o trabalho que realizamos tem uma missão muito forte.

Não perca o foco. Não desista dos seus objetivos no processo de lançamento por dificuldades que possam surgir. Construa um mindset à prova de desafios. Emperrou em alguma etapa? Volte e estude novamente. Entenda, treine, insista e passe para o próximo nível.

PARTE 2

COMO ATINGIR OS RESULTADOS DESEJADOS

INDEPENDENTEMENTE DO SEU PONTO DE PARTIDA

Quero começar esta seção falando de um conceito muito importante para o alcance dos seus resultados: a mentalidade de investimento. Não importa onde você esteja, se tem conhecimento ou não, se tem pouco ou muito dinheiro, se tem pouco ou muito tempo, se é novo ou velho. Vamos tratar da forma como você deve pensar e se comportar para que os seus objetivos sejam alcançados.

Toda e qualquer atividade remunerada exige um investimento, pois sem ele não há retorno. Até quando você resolve procurar um novo emprego, houve antes um investimento em seus estudos, em livros, em muitos anos de preparação. Uma boa qualificação envolve tempo. E aqui estamos falando de preparação para gerar um novo negócio, uma renda extra, novas possibilidades de ganhos. A boa notícia é que, no mundo digital, você pode começar como um pequeno agricultor e se tornar um grande fazendeiro. É essa a trajetória que te proponho.

O que é retorno de investimento – o famoso ROI (Return on Investment)?

É a diferença entre o valor investido e o quanto foi faturado com as vendas. Se você investiu R$ 100 e faturou R$ 500, o seu retorno foi de R$ 400. O retorno positivo permite um novo investimento igual ou maior, possibilitando o crescimento e o ganho de escala do seu negócio.

Além do investimento financeiro, que pode ser destinado à compra de uma nova ferramenta ou em anúncios para atrair mais pessoas para a sua oferta, há também o investimento de tempo, intangível, mas extremamente importante quando você se dedica, estuda e aplica o método.

É importante saber balanceá-los. Quando falamos em licenciamento de produtos estrangeiros, um investimento necessário será a tradução do conteúdo para adaptá-lo ao mercado brasileiro. Se você mesmo tiver condições de fazer a tradução, o seu investimento financeiro será menor, mas dispensará mais tempo para essa tarefa. Caso opte por pagar alguém, levará menos tempo e o investimento financeiro será maior. Estas são decisões que vão definir como você chega nos seus resultados, independentemente do seu ponto de partida.

Qualquer atividade fica mais eficiente com o uso de ferramentas. Um marceneiro precisa de martelo, serrote e parafusadeira para fazer seus móveis. Um cozinheiro precisa de panelas, talheres, forno, fogão. No curso Digital Sem Barreiras (DSB), apresentamos quais ferramentas são necessárias para aplicar adequadamente o método, sempre priorizando o custo-benefício. O objetivo é utilizar ferramentas que permitam maiores resultados com o menor tempo e esforço, da implementação à análise das métricas. E buscaremos sempre o maior retorno do investimento, o que indicará o quanto estamos crescendo dentro do nosso negócio.

Para tanto, duas ferramentas são essenciais:

- construção de páginas (para cadastro, geração de leads, funil de vendas)
- e-mail marketing

Isso sem falar do investimento em tráfego, para que os anúncios sejam entregues às pessoas certas, com o objetivo de atraí-las para a nossa oferta e convertê-las em clientes.

> **Atenção:** respeite o seu contexto atual. Cada pessoa tem a sua trajetória e parte de um ponto diferente. Algumas têm mais tempo para investir, outras mais recursos; o ideal é olhar para suas necessidades. Mas se você tiver recursos para investir, recomendamos que o faça, porque o dinheiro compra velocidade e agiliza os processos.

Saiba balancear seu investimento de tempo com o financeiro, e também a forma como os recursos serão aplicados. Você pode, por exemplo, investir em uma ferramenta de construção de página mais em conta. Mas lembre-se de que você está em processo de aprendizagem e desenvolvimento de novas habilidades. Esse crescimento é construído dia a dia com persistência e constância.

O processo de evolução do seu negócio passará pelas seguintes etapas: construção do produto, ajustes do lançamento para início das vendas, escala e melhorias para crescimento do negócio. A velocidade em que todo esse processo será desenvolvido vai depender da sua dedicação, do seu contexto atual (ponto de partida) e das ferramentas que vai usar. Mas o processo é o mesmo para todos. Tenho alunos que os resultados vieram rapidamente, que são tipo as lebres, e outros demoraram mais, que chamo carinhosamente de tartaruguinhas. Não tem certo e errado, tem cada um respeitando seu próprio tempo.

Desenvolva a mentalidade de investir no seu negócio, fazendo os balanceamentos e respeitando a sua capacidade de investimento, seguindo com consistência sem interromper o jogo.

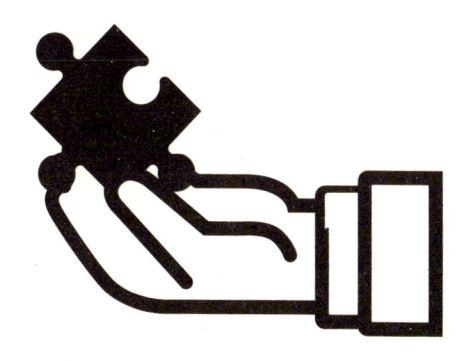

OS 2 PILARES FUNDAMENTAIS PARA TER SUCESSO NO DIGITAL

(E VOCÊ NÃO PRECISA POSTAR NAS REDES SOCIAIS PARA ISSO)

#ALERTADEPOLÊMICA

Copywriting (ou copy) e tráfego são os dois pilares mais importantes para o sucesso das suas vendas no digital. São os setores que mais estudo e onde mais concentro a minha energia. Quanto mais eu sei, parece que mais preciso estudar e me especializar. É uma sensação de busca constante que gera uma vontade de superação bastante saudável.

Copy nada mais é do que escrever de forma persuasiva para prender a atenção e vender. Quando escrevo uma carta de vendas, meu objetivo sempre é vender, mas antes de chegar nessa etapa, entra toda a ciência da copy, que envolve obrigatoriamente pensar nas dores do cliente, no que ele almeja, com o que ele sonha. Entender a dor do próximo e prover uma solução para essa dor é algo totalmente estratégico para o sucesso da sua campanha.

A primeira coisa que quero definir quando começo a escrever é para quem vou falar, quem é o meu avatar (o perfil do cliente do seu produto). É homem, mulher, qual a faixa etária, quais os seus gostos, crenças e estilo de vida. Copy não é algo simples de dominar e exige estudos constantes. Não negligencie essa etapa e a sua importância. Dedique tempo e pesquisa para aprofundar essas questões. A copy também precisa ser testada, porque é o mercado que vai dizer se ela é boa ou não, se traz resultado ou não.

Já o tráfego é como alcançar as pessoas que estão precisando da solução que tenho para oferecer. Existem dois tipos de tráfego: o orgânico, gratuito, quando você posta conteúdo nas redes sociais e as pessoas acessam; e o tráfego pago, o que mais estudo e aplico, é o investimento em anúncios pagos para alcançar mais pessoas e torná-las seus clientes.

Dentro dessa estratégia que junta copy e tráfego, o tráfego pago é o mais congruente – um caminho que se completa perfeitamente com a copy. Prendo a atenção das pessoas com um texto persuasivo e depois entrego para o máximo de pessoas de acordo com a minha verba de guerra (valor destinado para anúncios). Mas, antes, realizo uma pesquisa consistente para pensar quem é meu avatar, quais são as suas dores, o que está sentindo, o que almeja, o que tira o seu sono – se é o seu relacionamento, o seu corpo, e qual parte do corpo, se é o excesso de trânsito, se é o fato de não poder ficar muito tempo com o filho, se é não trabalhar com o que ama etc.

Conhecer o seu avatar é um trabalho minucioso, profundo, de nuances, de pensar na dor do próximo de maneira muito íntima. E não tem atalho. Esse trabalho é imprescindível para o processo de venda. Uma copy mal feita ou errada não vende.

Mas isso não é o mais grave, porque no digital você tem como medir se a oferta está bem escrita ou não enquanto o anúncio ainda está no ar e pode corrigi-la rapidamente. O maior erro que observo são pessoas mais preocupadas se vão conseguir ou não fazer um vídeo, se postarão ou não stories, se possuem muitos ou poucos seguidores no Instagram.

Quando você parou para ficar 3 horas seguidas do seu dia escrevendo uma copy? Se você está mais preocupado com o tráfego orgânico do que com o tráfego pago, está havendo uma inversão, uma confusão mental a respeito disso.

No meu curso DSB, antes de ter feito o workshop, a oferta e a carta de vendas, eu não pensava em outra coisa a não ser nas dores do meu avatar para oferecer as soluções exatas que precisavam. E o desafio da copy é identificar as dores em suas minúcias. Se o seu avatar está triste e não consegue progredir, o que está levando essa pessoa a essa estagnação? Ela não consegue um emprego? Está frustrada porque precisa fazer um projeto de pesquisa e não consegue, porque não domina isso? Ela precisa aprender inglês da forma mais rápida possível para viajar ou conseguir um bom emprego? Isso é pensar em copy.

> **Cuidado:** estamos inflando muito os egos, pensando demais em redes sociais. Qual a finalidade de ter uma rotina diária de postagens se não tenho uma oferta que vende?

Rede social para mim é processo de escala. A partir do momento em que você faz um lançamento, coloca a página de venda no ar, tem uma boa taxa de conversão e retorno sobre o investimento positivo (ROI positivo), aí sim é hora de pensar em redes sociais. Conteúdo deve ser capaz de escalar o tráfego e não o contrário.

Você sabe o que é uma página de inscrição? Ela já está no ar? Sabe qual é a taxa de conversão da sua página? Esse é um dos pontos mais importantes do lançamento. Qual é a chamada dessa página? O que as pessoas irão ler na sua página para que deixem seus e-mails para saber mais? É nesses pontos que sua energia deverá estar concentrada.

Mas se tudo isso estiver bem resolvido e você já tiver entrado em um processo de vendas com resultados, é chegada a hora de investir em uma programação de conteúdo, fazer uma série, pensar em stories, enfim, começar a agregar valor para aumentar os lançamentos.

Nosso negócio digital precisa de oxigênio, o que nos mantém vivos, ou seja, o dinheiro. Se não há um lançamento, uma data para colocar sua oferta no ar, você não terá oxigênio e, sem oxigênio, você morre. Então, coloque prazo e metas desafiadoras, que te tirem o sossego. **Faça acontecer.**

Se você ainda não conhece nada disso e está começando, redes sociais não deveriam ser a sua preocupação. Se ainda não tem lançamento, produto, está confuso sobre qual caminho seguir, por que vai investir energia e espaço mental nisso? Sei que é difícil ter essa compreensão dentro de uma cultura digital, quando todos os players do mercado postam todos os dias, e seu cérebro só pensa que você tem que fazer o mesmo. Mas é impossível dar conta. No final do dia você estará exausto, com colapso mental e vai travar, sem conseguir ir nem para frente nem para trás.

Aprenda onde deve concentrar a sua energia no momento em que está agora. Quando falo sobre a importância de você aprender a fazer anúncio e campanha e você trava, é por um simples motivo: você ainda não tem uma oferta. Nesse caso, não tem que fazer mais nada além de estudar copy. E deixe as redes sociais para depois. Um passo de cada vez. Todo lançamento tem como primeiro passo a copy, definir o avatar, identificar as dores. Se você está começando sozinho, o 80/20[1] do seu negócio é a copy.

Se você não tem uma oferta que vende é como nadar em mar aberto sem rumo. Chega

---

[1] Referência ao Princípio de Pareto, que afirma que 20% das nossas ações são responsáveis por 80% dos resultados. Aplicando ao contexto da frase, significa que a copy representa os 20% que irão gerar 80% dos resultados.

uma hora que não saberá mais para onde ir e morrerá afogado. Mas quando você tem a oferta, o jogo muda, porque estará concentrado em otimizar aquela oferta e fazer o seu lançamento crescer.

Outra coisa importante: você tem uma meta financeira? Ninguém produz conteúdo por anos sem faturamento, isso não é sustentável. Faturamento é oxigênio. Você PRECISA dele. Tem gente que entrega muito conteúdo, lives, posts, viraliza e explode, mas eu arrisco dizer que isso acontece com uma em mil pessoas.

A minha primeira página de vendas no mercado digital como produtora rendeu R$ 5 milhões em dois anos. E fui gravar meu primeiro vídeo de conteúdo depois daquela oferta, quatro meses depois de ter lançado.

A distância entre você fazer o sucesso que deseja ou não começa com você elaborar uma excelente carta de vendas. Por que Mairo Vergara[2] vende tanto? Ele começou do zero, o que permitiu que ele crescesse tanto? Foi a

---

[2] Referência em marketing e ensino de inglês no Brasil, com mais de 1 milhão de seguidores no Instagram e 2,5 milhões de inscritos no YouTube.

copy de lançamentos dele. Faça o exercício de olhar para o lançamento dos grandes players, mas com esse olhar de copy, o que está escrito, quais as palavras usadas; assista com o olhar de aprender copywriting.

Hoje produzo muito conteúdo, mas meu objetivo é aumentar a consciência do mercado. Ao ler este livro, você está aumentando essa consciência sobre a importância de estar no digital. Para mim, quanto mais gente interessada em entrar, seja para vender ou comprar, mais consciência. Não vejo como concorrência. Ninguém tem capacidade de absorver o mercado inteiro.

Tá, Cris, escrevi a minha carta de vendas. Qual o próximo passo? Testar, criar uma linha de análise para saber onde precisa melhorar. Crie uma página de vendas para publicar a sua oferta com esse olhar de diagnóstico, mas não crie grandes expectativas. As vendas podem não acontecer da noite para o dia. Faça, coloque no ar, e você poderá avaliar os erros e acertos para implementar rapidamente os ajustes.

Fazer esse trabalho não é simples, mas necessário. É preciso medir a taxa de conversão da página de inscrição. Quantas pessoas chegaram na página e se cadastraram para saber mais? Esse é um indicativo que mostra se o lançamento está começando bem ou não. Uma boa taxa deve começar em 30%. A cada 10 pessoas que acessam, temos que ter no mínimo 3 cadastros.

O mundo ideal seria entrar no digital com essa ordem de prioridade na cabeça:

- definição do avatar
- copy
- página de vendas
- medição da taxa de conversão de cadastro

Para quem está começando, entrar no jogo pra valer depende dessas etapas bem construídas. Senão, o jogo não acontece pra você. Que avaliação você será capaz de fazer sem ao menos uma página para testar? Isso é campo de batalha. É começar e já ir pro jogo.

Se a taxa de cadastro está baixa, é um indício de que precisa melhorar a sua página de inscrição, a sua chamada, testar novas cores, alterar a linguagem, etc.

Porém, se você estiver com 50% de conversão de cadastro, mas nenhuma conversão em vendas, precisa olhar para a quantidade de leads (pessoas que se cadastraram). Deve ser no mínimo 100.

Minha sugestão é focar em ter a sua página de inscrição e geração de lista de e-mails. Muita gente duvida da efetividade da lista de e-mails, mas você sabia que hoje os e-mails geram mais retorno que as redes sociais? As listas podem gerar até 80%, enquanto as redes sociais ficam em torno de 5% a 10%. Isso não quer dizer que você não deva evoluir para outros canais de comunicação, mas, nesse início em que geralmente os recursos financeiros e de tempo são mais escassos, coloque sua energia nas estratégias bastante testadas e que comprovadamente dão mais retorno.

Um dos ativos mais valiosos do ser humano hoje é o tempo. Por isso, quando você fala com a dor da pessoa, é mais fácil reter sua atenção. E quando você retém a atenção e resolve a dor, o resultado é a venda. Liberte-se dos excessos e foque no que realmente precisa. Se você ainda não tem uma carta de vendas que converte todos os dias, se não tem um lançamento que vende quando o carrinho é aberto, você deve voltar para a prancheta da copy. Esqueça a obrigação dos posts, vídeos, stories... O que está falhando é sua capacidade de fazer copy, de concentrar sua energia nos anúncios e em quantas pessoas se cadastraram na sua lista.

A parte de entender a dor do próximo é muito complexa. Precisa de exercício, muita pesquisa, ler artigos, fazer brainstorming, fazer perguntas profundas, fazer exercício de avatar, pensar em como solucionar as dores do cliente.

DESENVOLVER A HABILIDADE DE VENDER PELA INTERNET É UMA DAS COISAS MAIS **PODEROSAS** DA NOSSA ERA.

Os três segredos de um planejamento estratégico

Um bom planejamento estratégico é o start para um negócio digital bem estruturado e organizado. Se neste momento essa é a sua necessidade, porque não tem experiência em vendas e não sabe por onde começar, vou revelar para você os três segredos para iniciar.

1. VALIDAR UM PRODUTO. Para isso, é preciso lançar a sua primeira oferta e medir o seu CPV - Custo por Venda. Com essa validação, você saberá que, ao investir R$ 1, voltarão R$ 3 ou R$ 4, por exemplo. Saberá que tem gente disposta a passar o cartão e comprar de você. Entenda o público-alvo; não tente fazer um produto sem conhecer a fundo o comportamento do seu avatar. O produto sempre é a solução de um problema. Se eu tenho um problema para anotar as coisas, porque minha mente está falhando, caneta e papel são uma solução.

Se moro longe dos meus pais e preciso falar com eles, tenho o telefone para resolver. Quando consigo explicar a dor do meu cliente melhor do que ele próprio e ofereço a solução, ele se interessa em me escutar, porque entende que eu compreendo sua dor. Isso me conecta ao meu avatar e o dinheiro flui para onde vai a solução das pessoas. Utilize uma comunicação assertiva.

2. Agora que você já tem a solução, precisa de um **MÉTODO QUE FUNCIONE**. Como levará seu público-alvo do ponto A para o ponto B? Qual depoimento seu cliente vai fazer para você? Melhor do que você é o seu cliente falar bem do seu produto. Foque no método que leva uma pessoa de um ponto a outro. Saiba expressar e dar o caminho que seu cliente tem que trilhar para chegar ao resultado. Os depoimentos aumentam muito as conversões.

3. TRÁFEGO. Sabe aquela imagem de uma praia vista de cima cheia de gente e lá embaixo tem uma pessoa pensando que precisa vender o apartamento e a outra ao lado pensando que precisa comprar um apartamento, mas elas não estavam conectadas? Toda transação comercial precisa de quem quer vender e de quem quer comprar. O bom da internet é a possibilidade de fazer com que as pessoas se conectem em larga escala. Então, como faço para me conectar com as pessoas, trazê-las para a minha loja, para o meu site, para conhecer o meu projeto, comprar o meu produto? Como anunciar? O dinheiro flui para onde está a atenção das pessoas.

Desenvolver a habilidade de vender pela internet é uma das coisas mais poderosas da nossa era. Quem não aprender ficará de fora do jogo. O mundo é de quem aprende a fazer essa conexão entre pessoas que querem algo, com pessoas que tem algo para oferecer, e a internet tem esse poder. Você sai desse mundo de escassez de venda, sem oportunidade, faturamento, e entra em um mundo de abundância e escala. Ter essa visão na hora de fazer o seu planejamento estratégico é o ponto principal.

Bill Gates já alerta há algum tempo: no futuro existirão dois tipos de empresas, aquelas que fazem negócios pela internet e aquelas que estão fora dos negócios.

Esse é um dos motivos por que considero como missão levar o poder do digital para as pessoas de forma acessível, ajudando-as a acreditar que podem crescer e prosperar nesse mercado. A sua sede de querer é o que define o seu sucesso. Você pode! E, ao ter essa clareza, inicia seu negócio em um mercado em franca expansão, um terreno arado. É como comprar um terreno a preço de banana e dali alguns anos perceber que valorizou muito. Você vai comprar ou deixar passar?

Planejamento e replanejamento no dia a dia

Esse é um tema muito presente na minha rotina. Planejamento e replanejamento são duas palavras que regem o meu dia a dia e a minha energia no digital. Ter um plano de ação, um mapeamento do que será feito no seu dia é essencial. Sem essa clareza, você perde grande parte do seu poder.

E por que replanejamento é tão importante? Porque somos seres humanos, ou seja, falhos, e vivemos em um mundo acelerado onde milhares de coisas acontecem ao mesmo tempo e nos exigem jogo de cintura para replanejar.

Quando uma campanha que estava caminhando bem começa a desandar, no lugar de se irritar, ficar perdido sem saber o que fazer, que tal fazer uma auditoria pessoal? O replanejamento é isso e também uma parte importante do planejamento.

O final do ano é sempre o momento de planejar o ano seguinte. O planejamento alimenta a nossa energia positiva, mas, se algo sai do lugar no meio do caminho, tendemos a permitir que a nossa energia baixe. Quando as coisas saem fora do previsto, é normal que fiquemos irritados, chateados, mas, na prática, o que deve ser feito? O replanejamento, algo que faço muito. As pessoas acreditam que cumpro fielmente os meus planos. Isso não existe. Temos que replanejar o tempo todo, mas a meta, o objetivo, já está lá. Saiu da rota? Recalcula.

Se você coloca uma página de vendas no ar e não alcança o resultado traçado, não é a hora de redefinir a meta, mas de replanejar a forma de chegar lá. E como se faz isso? Como uma auditoria pessoal. Coloque a cabeça no lugar e recomece a campanha. Talvez seja o caso de tirar algumas coisas do ar, refazer o teste. Audite suas ações.

Isso mantém a sua consistência e te torna antifrágil, aquela pessoa que se fortalece com as dificuldades. Quando você tiver um problema, resolva-o, corra atrás de ficar melhor naquele ponto que faz o problema ser resolvido. Se tem algo em andamento que não está da forma como gostaria, replaneje!

Esse replanejamento envolve uma pausa para respirar, um autoperdão (porque a gente se culpa), envolve você se alimentar de novos pensamentos, assistir novamente a uma aula, um vídeo, estudar novamente um tema. Temos que estar atentos ao nosso emocional durante a execução das tarefas.

O digital é um mercado em ascensão, um terreno arado para plantar e colher excelentes frutos, mas exige planejamento. O que você quer? Aonde quer chegar, como deseja alcançar? Responder a essas perguntas faz parte do planejamento. Sente-se e planeje, anote, detalhe. Quando proponho aos meus alunos ganhos diários de R$ 100 a R$ 1.000 por dia, essa é uma meta com crescimento gradativo. Parte do planejamento é deve ser com meta financeira bem definida nos projetos. E não é uma meta milionária, mas de olhar todos os dias para o seu alvo. E mesmo assim, às vezes, surge uma confusão no meio do caminho. Se isso acontece, é hora de pausar, respirar, olhar para a meta, rever uma aula, manter o foco, desligar as dispersões.

Quantas vezes na vida pessoal temos que parar um pouco por causa de um problema, uma viagem inesperada? E temos que olhar para o planejamento com essa auditoria pessoal para rever os nossos movimentos, reorganizar o orçamento.

Se dê o direito de recomeçar. O digital permite que a gente cresça, que estejamos presentes para aquilo que a gente quer, mas temos que nos entender como seres humanos falhos para não carregar esse peso. Cuidado para não transformar a autorresponsabilidade em culpa. Permita-se se "autoauditar", se perdoar, se replanejar.

Replanejar traz energia, porque você observa. Às vezes é preciso dar um passinho para trás para avançar. Não existe uma linha reta perfeita. Planejamento não é algo que nasce pronto e saber o que se quer da vida não é algo que você faz de primeira.

Tive muitos planejamentos quebrados ao longo da minha trajetória e todos foram refeitos.

Tenha objetivos de longo, médio e curto prazo. Tenha micrometas e macrometas; o tamanho delas depende do seu ponto de partida: pode ser colocar um anúncio no ar, ou fazer sua meta financeira, ou até organizar seu guarda-roupa, porque olhar aquela bagunça todos os dias gera insatisfação e tira a sua energia.

O digital envolve esse controle emocional dentro das ações que fazemos. Surtos positivos, que não machucam ninguém, são bem-vindos, porque te dão o choque ou o susto de que precisava para deixar de procrastinar ou fazer vistas grossas para aquela bagunça, além de te aguçar a busca incessante por novas soluções.

#DESAFIO

Replanejar um planejamento exige a aceitação de um possível erro e de que esse replanejamento é importante.

Vamos exercitar esse conceito. Liste agora cinco coisas que você vai replanejar na sua vida para voltar a fluir. Encare esse exercício com leveza, como um ajuste de velas durante a navegação.

1. _____
_____
_____
2. _____
_____
_____

3._____
_____
_____
4._____
_____
_____
5._____
_____
_____

Estudar sempre vai te ajudar quando um replanejamento for necessário. Tenha isso como uma questão de honra, queira fazer dar certo, mas entenda que muitas vezes vamos com o desespero de ter que faturar, gerar renda, o negócio está emperrado, não escala. Mas não adianta. Não tem atalho.

Quais são os replanejamentos que você fará agora?

Os tropeços farão parte do processo. Que emoções esses tropeços podem trazer? E que ações você tomará com base nesse sentimento para elevar a energia? Tomamos decisões o tempo todo. Se vou estudar ou ver um filme. Se vou comer comida saudável ou gordurosa. Se vou dormir até mais tarde ou acordar mais cedo. Se tomar uma decisão equivocada, mesmo que racionalmente, ela vai me causar uma emoção. Pode ser prazeroso na hora e depois vem o arrependimento.

Respeite o seu sentimento, mas sem perder de vista quais ações terá que tomar. Se saio da dieta, no outro dia vou malhar ou vou ficar mal, com sentimento de culpa, me colocando para baixo? Se o seu objetivo é ser mais saudável, mas acabou saindo um pouco dos trilhos, replaneje. A meta está lá, traçada, você a conhece.

#DESAFIO

Quais ações e projetos, setores da sua vida você vai replanejar? Como você quer estar daqui a seis meses? E daqui a um ano?

_____
_____
_____
_____
_____
_____
_____
_____
_____
_____
_____
_____
_____

Certa vez, um seguidor me disse: você é muito sonhadora, né? E eu disse: "hoje eu sou", e minha lista de sonhos é infinita; antes eu era mais voltada a metas e objetivos. E qual a diferença? Objetivo: se eu não atinjo, busco entender onde estou errando para chegar lá. Já o sonho, se você não realiza, traz frustração.

Agora que eu tenho mais liberdade financeira, me permito sonhar mais. No começo, eu precisava de oxigênio financeiro, por isso estava mais na batalha, no objetivo, no alvo, aonde chegaria. Metas diárias, mensais, anuais, tudo muito bem definido e especificado. E calculava os esforços e buscava os recursos para alcançar o meu alvo. É como um jogo de dardos, você pega as flechas e vai treinando até atingir o alvo, uma coisa que você olha o tempo todo, sem desvios.

Por isso sempre reforço a importância de estarmos perto de pessoas realizadoras, que atingem os resultados, para modelarmos nossas ações e estilos de pensamento. Somos humanos. Cada topada que damos é uma dor. Não é fácil fazer mil coisas e não alcançar o que desejávamos. Temos mais de 60 contas banidas do Facebook e continuo faturando lá. Como lido com isso: replanejamento, auditoria pessoal, muito estudo. Quantas vezes reli a política do Facebook para entender onde eu estava errando, porque ela é a maior máquina de fazer meus anúncios chegarem na minha audiência, no meu avatar, que precisa do meu produto. E não dá para fugir disso. Então é perto dessa máquina que vou ficar, é sobre ela que vou estudar até ficar expert, porque é dela que preciso para atingir o meu alvo. Temos que dançar conforme a música. Sonho é algo mais romântico. Mas meta não pode ser romantizada.

Identifique suas emoções, porque é o seu sentimento que te fará agir daqui a cinco minutos. Enriqueça sua mentalidade para agir de forma inteligente, focada, orientada para resultados. Senão vai continuar travando, reclamando, procrastinando. Se você tem dúvidas, corra atrás de solucioná-las. Se tudo estiver bagunçado, organize. Defina a ordem de prioridade a partir do que é mais importante. Se não sabe, estude. O seu maior recurso é o seu intelecto.

QUEM NÃO ESTUDA FICA PARA TRÁS.

> **E não esqueça:** a maior habilidade da nossa era é a de vender pela internet. Tenha produto, atraia as pessoas para a sua oferta e converta, saiba aonde quer chegar, tenha meta, alvo, objetivo e não perca isso de vista.

O planejamento não é uma linha reta, a gente vai titubear. Mesmo ganhando muito, os perrengues aparecem. E conheço os dois lados, tanto o do sucesso, de chegar a um patamar confortável da vida, quanto de não ter recurso nenhum, de não ter apoio, não ter mentor para perguntar, ter que buscar os blogs internacionais sem saber inglês e traduzir sem as ferramentas de hoje. Vamos travar às vezes, mas nada é melhor para destravar do que o replanejamento.

Se você tem um alvo, jogue os dardos até atingi-lo em cheio. Se der algo errado, ajuste. Você não vai entrar no mercado para ver se vai dar certo. Vai fazer até dar certo. Pare de ter sonho, tenha alvo. E tente até acertar.

E por falar em alvo, como definir a meta financeira? Sempre que tiver uma dúvida, não coloque nela uma energia negativa de quem não sabe e por isso se sente perdido. Tenha atitudes positivas diante da dúvida. Só isso vai te permitir fazer o seu planejamento, plano de ação, plano de execução e próximos passos.

Não acorde nem mais um dia sem saber o que você quer para a sua vida. Não passe mais um mês, mais um ano sem essa resposta. E assim você vai atrás dos recursos e das pessoas certas.

Tenha seus mentores, pessoas com quem você se conecta para aprender gratuitamente. O Youtube tem de tudo. Se você não tem dinheiro, pesquise: "não tenho dinheiro, como eu posso começar no digital?". Depois que sanou essa questão, pergunte "como começar com pouco dinheiro?". Há inúmeros vídeos explicando essas e outras dúvidas. E, à medida que você avança, novas questões surgem e você vai ampliando os seus conhecimentos. Quando não estamos dormindo, passamos todo o tempo tomando decisões e muitas delas nos trarão uma série de sentimentos. Se estou sentindo raiva, que ações tomarei? Vou jogar um objeto na parede? Chorar? Brigar, gritar, xingar? Ou respirar, tomar uma água? Quando estamos atentos, conseguimos estabelecer um certo autocontrole.

Se você está procrastinando há cinco meses, há um ano, que emoções essa constatação gera? Tristeza, desânimo, baixa energia? Quais são as ações e próximos passos para virar o jogo mirando o seu alvo? Planeje, replaneje, aja, faça diferente. Acorde todo dia e olhe para o seu alvo.

Se você ficou uma semana replanejando, não foi perda de tempo. Pelo contrário. Replanejar te mantém em movimento. Você agiu para reencontrar o caminho.

Não canso de defender que o mercado digital é um terreno arado, adubado, mas você precisa fazer a sua parte, pegar a enxada, jogar as sementes. Estar em um solo fértil não significa que as dificuldades não existirão, mas vai te exigir persistência, resiliência, determinação. Atingiu um alvo? Outros virão. E comemore cada um.

Alvo no digital está atrelado a uma meta financeira! Qual é a sua?_____

É ela que faz com que a gente se mova de forma específica. Você sabe quantos produtos tem que vender para alcançá-la? Isso te dá especificidade. Quanto mais ações você faz, maior a sua probabilidade de assertividade. Os projetos vão fluir, as vendas darão um pico e, quando elas começarem a cair, você entenderá que deve replanejar para manter os resultados. Não perca o controle emocional. Fique atento!

Como vender todo dia na internet

A internet é hoje uma extensão de solo gigantesca, fértil e arada, um terreno propício para iniciar um negócio do zero e em pouco tempo estar vendendo todos os dias. O volume de pessoas que passaram a comprar produtos de informação, cursos on-line, e-books e audiobooks pela internet é cada vez maior. Essa é a primeira ciência que você deve ter: as pessoas estão investindo cada vez mais no autoconhecimento e esse é um caminho sem volta.

O Brasil ainda não é um país de primeiro mundo porque não investiu em educação da maneira adequada. Mas com esse crescimento e evolução dos infoprodutos, a tendência é mudarmos de patamar. O conhecimento e a informação estão rompendo divisas e chegando às pessoas que não tinham acesso, por meio da internet.

As pessoas que estão se posicionando (como você e eu), no sentido de prover esses produtos de informação para a grande demanda crescente da população, são aquelas que dentro desse modelo de negócio vão decolar e voar alto nos próximos anos. Vivencio as mudanças no mercado digital há dezesseis anos e posso garantir: o melhor momento é agora. Não perca tempo. Tome essa decisão.

Se você quer vender todos os dias, não pode ter vontade fogo de palha, que desiste na primeira dificuldade. Tem que ser uma vontade com consistência, sangue no olho, algo intrínseco, que vive dentro de você, apesar de qualquer dificuldade. Se você tem essa sede e entende o poder que esse mercado tem de gerar lucratividade, então você consegue vender todos os dias.

E como fazer isso? Existe o caminho do usuário até a compra. Um outro ponto que precisa entender é que consistência é diferente de estabilidade. Estabilidade é uma linha reta, sem queda nem crescimento. Consistência envolve subidas e descidas. Você precisa construir a sua consistência, aprender com as experiências para voltar mais fortalecido e experiente. O percurso é de altos e baixos, mas com mais tendência de crescimentos e grandes picos. É essa linha de consistência que você tem que buscar para você, criando um novo ciclo dentro do digital.

CONSISTÊNCIA É DIFERENTE DE ESTABILIDADE.

E VOCÊ VAI CONSTRUIR UM NEGÓCIO COM CONSISTÊNCIA.

ATÉ PORQUE NÃO ACREDITO QUE ESTABILIDADE EXISTA.

E qual o caminho o usuário deve percorrer até a compra? Para fazermos uma pessoa percorrer o caminho que a gente deseja, temos que dar a ela um benefício. A primeira pergunta que você tem que se fazer é: qual benefício ela terá? Que dor desse usuário vou conseguir sarar? O que vou prometer para ele percorrer esse caminho? Ele tem que ver uma vantagem muito lógica nesse trajeto.

Vamos tangibilizar o caminho com uma oferta e você entenderá as diferenças entre **produto e oferta**.

O produto é aquilo que você entrega, o que a pessoa recebe ao comprar. A oferta é aquilo que você promete como benefícios que ela terá ao adquirir o seu produto. Por exemplo, vamos supor que o produto seja um multiprocessador. O benefício é o ganho de tempo ao fazer um suco gostoso, não se cortar no momento de picar os alimentos, agilizar os processos no seu dia a dia na cozinha. O produto físico, por ser palpável, tem uma tração maior e envolve uma emoção que é mais fácil de ser ativada. Já no digital, se você vender um curso de crochê, por exemplo, a entrega será em formato de vídeos ou e-book.

A oferta é o que vai fazer o usuário percorrer o caminho até a compra. A oferta é a transformação que a pessoa terá ao comprar o produto. Vamos supor que o meu avatar seja uma mulher com mais de 45 anos, que esteja estressada, deprimida, ociosa ou sem energia, procrastinando, relativamente triste no dia a dia, aí a gente mostra os benefícios emocionais do crochê, como presentear as pessoas queridas com mimos feitos pelas suas próprias mãos, enfeitar a sua casa, mudar a energia e, consequentemente, transformar as relações dessa pessoa com a família ou até gerar uma possiblidade de renda extra. Enquanto faz esse exercício, simule uma conversa com o seu avatar. Dê um nome para essa pessoa, crie um cenário, uma história.

Entender a diferença entre os conceitos de produto e oferta te prepara para construir ofertas realmente lucrativas e que vendem no mercado digital. Afinal, as pessoas querem comprar a solução para as suas dores.

No caso de um curso de inglês, o estudante vai receber as videoaulas, o livro de apoio, etc., mas a pessoa adquire o curso, porque quer ser promovida no trabalho, se preparar para uma feira de negócios no exterior, fazer a viagem dos sonhos com a família com o dinheiro que juntou a vida inteira e ainda não foi por insegurança de não dominar o idioma, ou para não passar vergonha com seus amigos que falam muito bem e ela não consegue participar da conversa, ou para agilizar os trabalhos da faculdade. Isso é construir uma oferta, pensar nas dores do seu público-alvo.

O **caminho até a compra** passa obrigatoriamente por resolver as dores. E ajudar as pessoas não é fácil. Nosso modelo de negócio digital é promover transformação, levar oportunidade, levar esperança de algo melhor, devolver a autoconfiança, despertar um potencial há anos adormecido. Não podemos negligenciar isso, que é o mais importante no digital.

Temos que aprender a setorizar no digital. Agora estamos falando do setor de ofertas. É importante ter clareza sobre o setor em que você está trabalhando naquele momento. Não estamos falando de tráfego, conteúdo, campanha. A mente deve estar livre e dedicada para o setor de ofertas.

AS PESSOAS QUE MAIS GERAM FATURAMENTO PELA INTERNET SÃO AQUELAS QUE MAIS CONSEGUEM CONVERSAR COM AS EMOÇÕES DOS SEUS CLIENTES E CRIAM UM CENÁRIO DE VENDAS CONSISTENTE.

Depois de construída a oferta após um longo trabalho de brainstorming e entendimento das dores, mudaremos de setor. Saímos da oferta e vamos para os próximos passos do caminho do usuário até a compra. Agora a pessoa precisa saber que a oferta existe, chegou a hora de anunciar.

Hoje temos três fontes importantes de vendas na internet: Facebook, Instagram, Youtube. E utilizo os três canais. O que Facebook e Youtube têm de mais poderoso? Tráfego! Milhões de pessoas trafegam todos os dias em suas plataformas, pessoas dos mais diferentes e variados perfis.

Quando você anuncia nessas redes, está comprando o espaço das pessoas que ali trafegam. Se tenho um curso de crochê, nesse exato momento, há inúmeros outros do mesmo tema na internet, mas como tenho uma oferta muito direta ao ponto, antes de uma potencial compradora assistir pelo Youtube os vídeos de crochê que ela selecionou, o meu anúncio de até 30 segundos aparecerá para ela: "você quer aprender crochê de uma forma simples e agradável com apenas 15 minutos por dia?". E a pessoa, se for fisgada pela oferta, clica para saber mais. É assim que você começa a entender o caminho do usuário e foi por isso que expliquei o processo de trás para frente. Se você não tem um produto e uma oferta, não tem o que vender e o que anunciar.

Os 3 pilares do Marketing Digital: Produto – Oferta – Anúncio

Agora imagine uma pessoa rolando o feed no Instagram, com seu dedinho nervoso, vendo fotos e vídeos de um monte de gente, família, etc., e aparece a sua propaganda no meio. O que vai fazer com que essa pessoa clique no seu post patrocinado? Quando você cria o anúncio no Facebook, ele te permite fazer um filtro para que o anúncio seja entregue para o máximo de pessoas coerentes com o seu avatar. Uma das coisas que faz o usuário parar no seu anúncio é o que a gente chama de criativo, que pode ser uma foto ou um vídeo.

O caminho do usuário para comprar o seu produto começa nesse feed ou no YouTube. Quando você entende isso, começa a entender o usuário.

1. Usuário vê o seu anúncio, para na sua arte, fica curioso e decide ver do que se trata (o criativo representa 90% da decisão de o usuário parar e ver do que se trata).

2. Depois que ele parou para ver, lê a copy – o que está escrito no texto do anúncio. O conjunto da imagem com o texto é o que vai fazer o usuário clicar ou não.

3. Se ele clica, é direcionado para a página de inscrição, que antecede a página da oferta. Uma página simples, que praticamente repete o texto que você colocou no anúncio. Mas a chamada é bem importante e deve ser testada. Ali você pede para a pessoa cadastrar o e-mail e receber mais informações sobre a oportunidade.

4. Automaticamente ela recebe um e-mail seu e é direcionada para a página de vendas onde está a sua oferta, onde ela vai ler ou assistir a carta de vendas. E, se fizer sentido para aquela pessoa, ela comprará o produto.

Basicamente, é esse o caminho do usuário até a compra. Agora você já tem clareza desse passo a passo.

A próxima etapa da estratégia é fazer com que esse caminho seja ganha-ganha (para quem vende e para quem compra). O usuário comprou e vai receber um produto maravilhoso, completo, cheio de detalhes e benefícios. Vendi o produto por R$ 100, paguei R$ 50 para anunciar no Facebook (o custo pela venda), que ganhou R$ 50 por ter me vendido o espaço para anunciar à sua audiência. Essa relação deve ser de ganha-ganha-ganha, com lucratividade para todos.

Equilibrar a máquina no ganha-ganha é o que constrói a consistência de vender todos os dias pela internet, ou seja, prover um produto de qualidade dentro de uma oferta que seja real e íntegra, além de fazer ofertas que não firam as políticas do Facebook.

Ao entender o caminho do usuário, você também começa a entender de precificação: colocar o seu produto a R$ 100 e fazer um teste de preço a R$ 200. Pode acontecer de você vender o produto de R$ 100, tendo que investir R$ 90 para fazer a venda, ganhando apenas R$ 10. E, para vender um produto de R$ 200, você investiu R$ 130 e ganhou R$ 70, cenário muito melhor. Esse é o tipo de análise e teste que precisa ser feito.

Quando esse caminho do usuário está claro na sua mente, você consegue entender esses pontos importantes que fazem o seu produto e a sua oferta serem lucrativos ou não. Já lancei um produto a R$ 47 com vendas razoáveis. Depois testei o preço de R$ 97 e ele vendeu mais, ou seja, preço mais baixo não é garantia de vendas. Na terceira vez, coloquei a R$ 197 e vendeu mais ainda. Minha oferta estava tão boa que as pessoas desconfiaram de um produto com tantos benefícios por apenas R$ 47. Depois, quando testei a R$ 497, esse foi o valor mais lucrativo para mim. Cheguei a testar R$ 997, mas R$ 497 foi o preço com melhor custo-benefício.

Para precificar, olhe para sua oferta e pergunte: "Quanto você pagaria pela sua transformação? Para ter tranquilidade, para seu filho dormir a noite toda, para aprender inglês definitivamente, para perder o pânico de dirigir, de falar em público?". Temos que olhar para a nossa oferta de uma forma muito racional e, por isso, é tão importante o estudo do avatar, para que essa oferta seja construída de maneira real e íntegra. E tudo isso pode ser alterado, editado a qualquer momento, porque o digital é uma metamorfose.

Tendo essa informação, tudo de que preciso para começar é um produto, uma oferta e um anúncio matador. Salvo raríssimas exceções, nem sempre se acerta o lançamento de primeira. A máquina precisa de tempo para se ajustar. Você lança, não vende, fica no negativo, tem que fazer mais um ajuste, mudar a linguagem, alterar os anúncios, o clique pode estar muito caro, porque aquele criativo escolhido não está chamando tanto a atenção e precisa ser mudado. O ideal é sempre testar mais de uma opção de criativo. Apenas para ilustrar, você escolheu três imagens, uma com custo por clique de R$ 0,30, outra de R$ 0,50 e outra de R$ 1.

Se você estiver usando apenas uma imagem no anúncio e ela for a mais cara em relação à de R$ 0,30, você está pagando três vezes mais. Se você tem um Custo Por Venda (CPV) de R$ 100, no segundo cenário, você vai investir R$ 33. Isso faz parte do entendimento do caminho do usuário e te ajuda a chegar em um denominador mais interessante. Se o seu custo por clique está a R$ 2, pare tudo e teste outras imagens, outras cores, outros criativos, outros vídeos, outra forma de falar. E é só vivendo esses cenários que você aprende e fica cada vez melhor.

Em outro exemplo, investi R$ 100 e fiz uma venda de R$ 50, uma perda de R$ 50. Ou investi R$ 1 mil e só vendi R$ 800, uma perda de R$ 200. Não pense em prejuízo. Você tem um ROI negativo de R$ 50 e outro de R$ 200. Mas também tem R$ 1 mil em dados comprados, vários criativos testados, mais experiência e entendimento.

O que você sente quando o resultado é negativo ou aquém do esperado? Tristeza, raiva? Pode ser que se sinta perdido, que por um instante pense que não vai conseguir, que é muito difícil – e tudo bem. Mas isso não pode ditar as suas ações. Você precisa se perguntar, de cabeça fria, o que deve fazer para ajustar a sua campanha. Será que o meu custo por clique está caro? Tem um monte de gente chegando na minha oferta, mas não compra. Então a oferta não está boa. Ou o problema está na página de inscrição, porque muita gente clica, mas não se inscreve. Você pode até ficar triste ou feliz, porque não somos robôs e temos emoções. Mas temos que ter racionalidade e maturidade para tomar nossas decisões. Isso é essencial para construir um negócio sólido na internet.

Como errar muito e ainda assim ter resultados na internet

Como ações e pessoas imperfeitas geram resultados na internet? Estou cansada de ver pessoas com muito potencial acreditando que, para gerarem resultados no digital, precisam ser muito mais do que são, construindo algo perfeito e extraordinário na primeira tentativa. Veja o tamanho da armadilha e o quanto isso representa uma garantia de frustração e desistência!

Sempre que vou fazer qualquer coisa na vida, busco pessoas e referências para me guiar, me inspirar, aprender com elas, modelá-las, para ter método. Isso para todo e qualquer assunto: na educação da minha filha, para superar dificuldades na amamentação, para ter uma alimentação saudável ou para ter sucesso nas minhas vendas on-line - leio livros, faço cursos, vou atrás de conteúdos para me ajudar.

Você que está lendo este livro agora, muito provavelmente deseja construir algo lucrativo no digital e, para isso, buscou a experiência de uma especialista que está há dezesseis anos no mercado com resultados bastante expressivos.

Mas, ao buscar essas referências, nosso inconsciente já começa a buscar justificativas para não sair da zona de conforto, se comparando e acreditando que aquela pessoa é privilegiada, que para ela tudo funciona perfeitamente e que para você será muito difícil.

Quero aqui expressar como uma pessoa imperfeita e cheia de erros (no caso, eu) consegue gerar resultados naquilo que se propõe a fazer. Para mim é claro que perfeição é algo inatingível, mas posso fazer tudo o que me proponho com qualidade e eficiência. Meus alunos do curso DSB têm como parte do programa um desafio que consiste em colocar o seu primeiro produto digital no ar em 21 dias. Ou seja, em 21 dias, aqueles que topam a empreitada, terão um produto seu, pronto para ser vendido.

Por que algumas pessoas lançam em 21 dias, outras levam meses, e outras levam anos e nem sequer chegam a lançar? A Apple, para chegar ao iPhone 10 teve que lançar o iPhone 1. O que isso quer dizer? Que não adianta querer colocar no mercado o melhor produto, a melhor oferta da sua vida sem passar pela primeira versão. E todas as ofertas que faremos na vida terão pontos de melhora, não serão perfeitos, por mais resultados que gerem.

Para cada lançamento que faço, tenho um arquivo chamado Erros e Pontos de Melhoria, em que coloco os erros cometidos, os pontos de melhora e itens que não foram feitos, mas poderiam ser um diferencial no próximo. A ideia é justamente me superar a cada lançamento e conseguir gradativamente aumentar os resultados financeiros. E as anotações do arquivo aumentam a cada nova versão lançada. Não tem fim, porque evoluir deve ser encarado como uma constante.

E, acredite, os erros também geram resultados. Já vi alunos vendendo muito bem com páginas de vendas bastante sofríveis.

Várias vezes coloco minhas ações no meu grupo de MasterMind e o pessoal indica novos pontos para melhorar. Abandone a crença de que precisa acertar 100% para gerar resultado. O importante é colocar as suas ofertas no ar e vivê-las intensamente. A gente gera muito resultado no digital cometendo erros. E isso é mágico. Quem não comete erros? Quem não precisa melhorar? Quem não precisa de um ponto a mais nos anúncios ou testar uma página a mais de inscrição? Mas só consigo melhorar quando tenho algo concreto que possa ser medido e avaliado.

Uma aluna uma vez me disse: "Cris, coloquei meu primeiro vídeo no ar, muito tosco, mas trouxe resultado". Colocar-se nessa linha de vulnerabilidade faz parte dos aprendizados e do crescimento. Só tem resultado quem erra. Permita-se errar para colocar no ar a sua oferta, o seu anúncio. Só passa pelo processo de ter um anúncio reprovado ou uma conta bloqueada quem tem uma oferta no ar. E a única forma de aprender sobre isso é vivendo. Você já conhece parte da minha história e sabe o quão errante, mas engrandecedor, tem sido o meu caminho até aqui.

Nenhum livro substitui a experiência do aprender na prática. Não importa o nível em que está, não importa se já vendeu ou se está começando agora. Precisa viver na prática para aprender. E muita gente só enxerga ao errar. Quantas vezes os pais nos alertam, nos pedem para não fazermos algo porque pode dar errado – mas precisamos viver aquilo. O que você pode fazer de diferente, onde pode melhorar, como pode se superar? Você só terá condições de responder a essas perguntas se fizer.

Cada dia vivido com seus erros e acertos é uma escola de vida. Se você não tem problema, não tem a oportunidade de melhorar. A superação acontece na busca por soluções. Quando você está na situação de não saber mais para onde ir, é a hora de buscar e aprender mais para encontrar o caminho. Excesso de perfeccionismo não nos leva a lugar nenhum.

Só entendemos o poder de melhorar quando estamos em campo, não na arquibancada.

Vai a campo, enfia a cara no chão, se rala, levanta e faz de novo. Não tem outro jeito de adquirir experiência.

Trabalho muito com método, plano de ação e passo a passo no meu dia a dia e também ensino para os meus alunos. Se o melhor

NADA VENCE A PRÁTICA REPETIDAS VEZES.

professor do salto a distância chegar para mim e explicar tudo o que preciso fazer para saltar 5 metros, eu vou conseguir na primeira tentativa? O que vou fazer é prestar muita atenção em cada técnica, buscar entender em qual posição meu corpo deve ficar, como devo respirar, quantos passos devo dar, qual a intensidade de impulso, qual o momento exato de saltar, a quantos centímetros antes da borda e, quando saltar, qual o movimento que devo fazer com o meu corpo no ar para atingir o objetivo. Quantos saltos o professor já deu para ter condições de me ensinar? Milhares! E qual é meu papel? Masterizar as informações e, com o método em mãos, me propor a pular até acertar. Porque os primeiros, com toda certeza, serão tortos, desengonçados, errados, mas, se eu não desistir, pegarei o jeito.

NADA TE FARÁ MAIS FORTE DO QUE ERRAR E TENTAR DE NOVO ATÉ ALCANÇAR O QUE VOCÊ QUER.

Mesmo que a gente evite, a vida vai nos colocar em situação de vulnerabilidade. Sou mãe solo, fiquei viúva com 31 anos, quando minha filha era uma bebê de 3 meses. Como você se coloca em uma situação em que você tem que superar e, ao mesmo tempo, se equilibrar diante de uma perda como essa? Queremos ter o controle da vida, mas às vezes não está na nossa alçada controlar, apenas aprender a viver nessas situações.

Não é fácil, mas é importante treinarmos nossa mente para entender que o erro é inevitável, que passaremos por tropeços e que não restará alternativa a não ser continuar em frente. Aprender sobre isso dói e a gente vai ajustando.

Desenvolva a mentalidade do fazer até dar certo. Não é fazer para ver se dá certo. É não parar até atingir o que se quer. O primeiro lançamento dói mais, porque saímos totalmente do zero e da zona de conforto e partimos para a realização de algo inédito. Depois você faz o segundo, o terceiro, o quarto, o milionésimo. E ainda assim você erra. Eu erro muito até hoje. Mas não desisto.

Quando nos propomos a desenvolver uma nova habilidade sem medo do erro, saímos de cima do muro, paramos de achar que funciona para todo mundo menos para nós, saímos do papel de vítima. E o problema que estou vivendo agora se transforma em solução, porque é ele que vai me trazer superação.

Entenda que errar é normal na vida! A gente precisa se colocar na situação de desconforto. E dizer "não está dando certo... ainda!".

- Se estiver cansado, aprenda a descansar e não a desistir.
- Aprenda a sair, relaxar, e não explodir.
- Esse negócio não funciona para quem joga a toalha.
- E não tem por que jogar a toalha para algo que você quer.
- Acredite nas pessoas. Já cheguei a pensar que era defeito, ingenuidade, mas acreditar e ter fé nas pessoas é um dom.

Anunciar envolve operações matemáticas (quantidade de cliques, de vendas, taxa de inscrição, taxa de conversão...), mas as emoções sempre existirão. Aprenda a senti-las, a lidar com elas sem permitir que elas te bloqueiem. Se os meus números estão ruins, se minha oferta não vendeu, se subi meu anúncio no Facebook e foi bloqueado ou recebi um pedido de correção, pode ser que fique frustrada, irritada, com raiva. Mesmo sendo operações matemáticas, sua análise gera emoções. Não vamos parar de senti-las, mas desenvolver a inteligência emocional fará toda a diferença. Sinta a emoção, lide com ela, mas não permita que ela tome ações e decisões por você.

Invista no seu autoconhecimento.

Se está exausto, reconheça que está. Mas qual decisão você vai tomar com base no que está acontecendo? O que você estava fazendo que não era para ter feito? O que você fez demais que poderia ter delegado? O que escreveu errado na oferta ou no anúncio que ela não está se convertendo em vendas ou em cliques?

E jamais diga: "Já fiz de tudo, já tentei de tudo e não deu certo". Tire essa frase da sua vida, porque você não fez, não tentou de tudo.

Não digo isso para te trazer sentimento de culpa, mas responsabilidade. É reconhecer: não estou bom o suficiente, mas vou ficar!

No digital, as pessoas deixam seus sonhos se esvaírem pelos dedos por conta desse tipo de pensamento, já sofri demais com isso a ponto de quase colocar meu negócio a perder por falta de maturidade. Roberto Shinyashiki costuma dizer que ele não perde dinheiro, só tem aulas caras. O que posso aprender com essa aula da vida? Essa me custou, essa doeu (e aqui falamos não somente no sentido financeiro, mas também emocional).

Coloca a sua primeira oferta imperfeita e seu primeiro produto imperfeito no ar. Sem medo! Porque só assim terá a chance de melhorar.

Quem mais erra são as pessoas que mais acertam e vice-versa. Não tem como ser diferente. Desenvolva esse tipo de pensamento, esse posicionamento de maturidade. Nem tudo vai sair como planejado e conforme o script.

Coloque o seu produto no ar. Não subestime a dor do próximo, pensando que você não é capaz de ajudar. Nosso cérebro cria barreiras o tempo todo para economizar energia e não tomar ações. Mas quando a vida exigir pausas, respeite. Isso também faz parte.

Quando fiquei viúva tive que parar tudo. A vida saiu completamente fora do plano natural. Foi difícil, foi doloroso, até hoje é. Superar não é deixar de sentir, mas ficar atento às necessidades de pausa, de parar para respirar, de pedir ajuda e respeitar o nosso tempo que, no seu ritmo, nos permite reerguer.

Estou falando do digital e da minha vida íntima para você entender que não existe perfeição. Derrube essa crença. Mas acredito em plenitude, em ter uma vida intensa, plena. Mas a plenitude não é um antídoto para os contratempos. Vira e mexe, as coisas darão errado.

Buscamos técnica o tempo todo, mas não esqueça da inteligência emocional. Qual o problema em colocar ofertas no mercado e não vender? Os meus primeiros anos no digital foram um fracasso. Colocava a culpa no outro, chorava, descansava, parava, ficava brava, xingava, mas novos dias nascem e eu estava lá, firme e forte, em uma persistência que beirava a teimosia. Eu mesma me questionava se essa situação não estava demais, se daria certo. E eu mesma me respondia que só não daria certo se eu parasse.

Essa parte do livro está puxada, pesada, eu sei... mas é um papo, uma reflexão muito necessária e profunda.

Olhe para os seus erros com empatia. Você se dá outra chance? A cada vez que você está em campo de batalha tem a oportunidade de melhorar, de achar seus furos e seus buracos para tapar. E a vida é isso, tapa um, abre o outro, às vezes abrem vários de uma vez que não há nem braços e mãos suficientes para tapar.

Abrace os seus erros, os seus problemas. Entenda o que não está funcionando e desenvolva uma postura em relação a eles. Escolha por qual projeto da sua vida está disposto a suar, sentir todas as suas dores e delícias para alcançar. Chega um certo momento que a vida melhora, mas sempre haverá problemas, eles não acabam, apenas mudam e aprendemos a lidar com eles. Depois de tanto estudar e ouvir os mentores, ficamos mais maduros. A melhor forma de desenvolver o nosso mindset antes de ter vivido a experiência é ouvindo quem já viveu, já passou por aquilo e superou.

QUANDO A VIDA EXIGIR PAUSAS, RESPEITE.

OLHE PARA OS SEUS ERROS COM EMPATIA.

Rotina de alta produtividade no digital

Você tem interesse em uma rotina de alta produtividade no digital? Como criá-la nesse mundo tão cheio de distrações?

Assim como o erro faz parte do acerto e a busca pela perfeição pode mais atrapalhar do que ajudar, gostaria de começar quebrando mais dois grandes tabus relacionados à alta produtividade. Tudo o que compartilho com você neste livro é o que acredito e vivo, mas não é necessariamente a melhor ou a única forma possível, é o que funciona para mim.

> **1. Procrastinação.** É possível ter essa rotina de alta produtividade e procrastinar ao mesmo tempo. Somos seres humanos e todo mundo procrastina, sejamos realistas. Estamos em todas as redes sociais, adoramos ver as coisas, as pessoas, faz parte do dia a dia. O segredo é saber avaliar e identificar quando se

está procrastinando e não entrar em um ciclo de autopunição por isso. O problema é que procrastinar pode transformar o restante dos dias em uma bola de neve. Isso acontece. E o que temos que fazer: reconhecer que poderia ter produzido mais na parte da manhã, mas não fluiu por enrolação e procrastinação. A gente se pune muito sem perceber, se martiriza e se machuca na comparação com o outro nas redes sociais. Cuidado com a autopunição, mas reconheça com o que você mais procrastina. Eu adoro ficar no Instagram assistindo vídeos, estudando, vendo os posts das minhas amigas. Quando pego o celular, meu dedo vai automaticamente para o ícone do Instagram sem que eu precise pensar. O que fiz: mudei o ícone de lugar e meu dedo não o encontrava mais rapidamente. E isso fez com que eu abrisse menos o aplicativo. Não deixei de usar, mas vigiei e diminuí consideravelmente. Essas pequenas ações são necessárias e recomendadas no dia a dia para aumentar o nosso foco, atenção e, consequentemente, nossa produtividade.

2. Uma rotina de alta produtividade não está relacionada à carga horária disponível. Não subestime o poder dos 20 minutos por dia todo dia. Escolha algo para fazer com 100% de foco todos os dias por 20 minutos, como estudar inglês, e verá como estará no final do ano. Sugiro 20 minutos para tangibilizar, mas pode ser 15 ou 30 minutos, uma hora, o tempo que você tiver disponível. Mas não subestime esse poder. A alta produtividade está relacionada ao nosso foco. A maioria das pessoas que entra no digital não tem dedicação integral, possui outro emprego, outras atividades, filho pequeno, enfim. Ao dedicar menos horas por dia, a única diferença é que levará um tempo maior para bater uma meta caso tivesse mais horas livres. Mas muita gente tem 8 horas por dia e não sabe como administrar. Portanto, não se compare, tenha paciência, consistência e não desista. A alta produtividade não está relacionada a trabalhar muito, mas a trabalhar de forma inteligente. No início da minha carreira eu trabalhava 14 horas, 16 horas por dia. Temos que aprender a fabricar os nossos momentos de alta produtividade. Antigamente eu trabalhava até de madrugada, errando, perdendo, chorando, tentando fazer o negócio dar certo, uma época em que não tínhamos mentores como hoje, oportunidades como as de hoje. Atualmente, quando preciso fabricar horas no meu dia, prefiro acordar mais cedo que dormir mais tarde, porque meu cérebro estará mais descansado. É algo que funciona para mim. E precisamos do descanso, porque o digital exige muito do nosso processo criativo. Pensar na oferta, na chamada, é uma tarefa do intelecto. O cérebro precisa estar oxigenado, sem o mínimo de dispersões. Quanto tempo você está disposto a trabalhar hoje para construir o seu negócio digital? Em 20 minutos, se você sentar para escrever, fará umas 10 chamadas para o seu produto. E no dia seguinte mais 10, e terá 20 opções para aprimorar. Muita gente leva o digital em paralelo a outras atividades como uma renda extra. Não subestime o seu poder de produzir essa janela de carga horária, acordando 40 minutos mais cedo, dormindo 30 minutos mais tarde ou abdicando 20 minutos do seu horário de almoço. E muitas vezes teremos que fazer isso dentro de uma rotina já bem cansativa e desgastante. Porque não vai existir o cenário perfeito para produzir. Reduzir as redes sociais é uma das melhores formas de ganhar tempo dentro do seu dia. Revise quem você está seguindo. Você não precisa seguir tanta gente. Tinha uma época que eu seguia tudo o que estava relacionado a sono de bebê, depois a desmame, e passado aquele interesse, pronto, deixava de se-

> guir. Pergunte-se se as pessoas que você segue atualmente e os conteúdos exibidos no seu feed te ajudarão a chegar aonde você quer. Não se apegue! E se te perguntarem por que deixou de seguir, diga que está precisando reduzir o tempo nas redes e limpou um pouco para ganhar em produtividade.

Quando falamos de mercado digital, é comum ouvir "é muita coisa, por onde eu começo?". Todos nós teremos que lidar com esse excesso de coisas e isso não vai mudar. Cada vez teremos mais e mais, porque somos seres humanos, temos ideias, vontades, projetos, sonhos. Mas como lidamos com isso? Eu, Cris, setorizo as minhas tarefas. Acredito que dedicar meu espaço mental para um setor de cada vez elimina as chances de procrastinação.

E quais são os setores:

- **Meta financeira** – onde quero chegar em termos de faturamento pessoal.
- **Copywriting** – texto persuasivo / oferta matadora.

- **Produto** – o que vamos entregar – e não deixe de colocar um produto no ar porque você acha que não está bom o suficiente. O pouco para você pode ser muito para outra pessoa.

- **Tráfego** – levar as pessoas para a minha página para conhecer a oferta e comprar; tem o tráfego orgânico, gratuito, e tem o tráfego pago. Se você está começando, foque em aprender a anunciar na internet.

- **Conteúdo** – o que devo compartilhar que vai ajudar outras pessoas a entrarem no digital com a minha ajuda.

- **Cliente** – no meu caso, são os meus alunos. Trabalho esse setor pensando no pós-venda, no entendimento de quais são as dúvidas mais frequentes que chegam ao SAC para entregar uma aula extra, por exemplo.

- **Financeiro / open doors** (janela de sobrevivência) – se você tem R$ 15 mil em caixa e manter o seu negócio custa R$ 5 mil por mês, o seu open doors é de três meses (caso você fique três meses sem vender). Isso te dá tranquilidade, reduz a pressão e, consequentemente, colabora com o seu processo criativo.

Se você decidiu que quer ter uma rotina de alta produtividade e vai trabalhar 1 hora por dia no seu negócio digital, em qual setor você vai focar a sua energia hoje? Se você está começando do zero, sugiro que siga a ordem acima, um item de cada vez. Quando foco em um setor, a minha capacidade de produção aumenta, não fico me bombardeando com outros fatores, não fico dividindo meu espaço mental com outros assuntos. A dica é encaixar as tarefas daquele setor no qual você está focado dentro da disponibilidade do seu dia.

Importante: estudar também é uma tarefa que deve ser considerada como trabalho no digital. Se você está aprendendo sobre copy, você está trabalhando nesse setor. Trabalho não é só execução, construção e escrita. Desenvolver-se no setor também é trabalho e deve ser levado em conta na gestão do seu tempo.

O setor de conteúdo é onde temos que ter mais cuidado. Se me tirassem tudo hoje, o que eu faria? Onde concentraria o meu foco? Em meta financeira e copy. Qual a distância entre o ponto em que você se encontra hoje até começar a gerar os seus primeiros resultados? A distância é uma carta de vendas. Por isso, definir a sua meta financeira e construir a sua oferta irresistível (que só se faz com copy) é essencial. A primeira carta de vendas que acertei me gerou R$ 5 milhões em dois anos.

Rotina de alta produtividade envolve obrigatoriamente meta e prazo. Meta financeira tem que estar no papel, em um lugar onde você olhe para ela todo santo dia. Se você quer ter sua carta de vendas, coloque um prazo para escrevê-la, mesmo que não saiba por onde começar.

#DESAFIO

Anote aqui quando a sua primeira carta de vendas estará pronta (de forma bem específica, com dia, mês e ano):

Eu, _____
_____,
me comprometo a ter minha primeira carta de vendas no dia ____/____/____.

O PRAZO TE COLOCARÁ EM MOVIMENTO E VOCÊ IRÁ ATRÁS DO CONHECIMENTO NECESSÁRIO.

Defina suas próprias metas e prazos. Não é fácil, porque fomos treinados a depender da definição do dia da prova na escola pelo professor, do chefe no trabalho.

Ter metas e prazos é desconfortável, porque exige disciplina, renúncia, mas o desconforto leva ao crescimento. E fabrique tempo no seu dia negociando com a sua família, renunciando a novela, a série em que você se viciou, as redes sociais.

Hoje tenho um padrão e qualidade de vida que nunca tive antes e isso me dá bastante liberdade. Minha rotina é de alta produtividade, mas não está relacionada à carga horária de trabalho. Claro que isso é resultado de uma longa construção; hoje tenho a minha equipe, mas no início era "euquipe". Se estou trabalhando demais, meu cérebro me cutuca: onde falhei por não ter treinado meu time adequadamente para criar as exceções? Uma das minhas prioridades atualmente é ter uma rotina com qualidade de vida, alcançada à medida que treino o meu time, crio processos adequados, crio uma cultura e conquisto o engajamento das pessoas dentro de um plano de crescimento que motive e envolva a todos.

A sociedade nos impõe a ideia do trabalho duro ao longo de uma vida inteira. Claro que por um período temos que nos colocar na lata de sardinha, mas não tem que ser assim para sempre.

O mercado digital pode levar o Brasil a ser um país de primeiro mundo, onde a população tem qualidade de vida, suas atividades e sua renda dentro de um ambiente e mercado economicamente mais saudável.

De R$ 100 a R$ 1.000 por dia
Como definir metas financeiras

O mercado digital é justo e permite que você comece pequeno a partir dos recursos tangíveis e intangíveis que possui. Quando falamos em faturamento de R$ 100 a R$ 1.000 por dia, acredito que essa seja a primeira base factível para quem está começando no digital ou de quem já está nele, mas ainda andando em círculos.

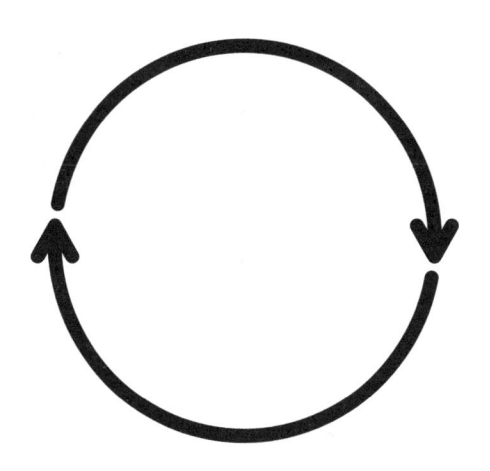

Tenha sua meta financeira, mas não da boca para fora. Tenha clareza de onde você quer chegar. E essa meta deve fazer parte da sua estratégia e do que você pensa todos os dias ao acordar. Querer e ter clareza já te diferencia da manada. Por que as pessoas não colocam a meta no papel? Na minha concepção, falta humildade de colocar uma meta de R$ 100 por dia. Quando somos humildes, nossa capacidade de presença e consequentemente nossa capacidade de produzir aumentam. Vejo muita gente confusa, não sabendo o que fazer, quando deveria começar pelo básico, que é colocar essa meta financeira no papel e se apropriar dela como sendo de sua total responsabilidade. Pegue para você e batalhe por ela, nem que precise passar pela fase apertada, como se estivesse dentro de uma lata de sardinha.

Na nossa sociedade, a cultura de falar sobre dinheiro não é bem vista, diferente do que acontece em países de Primeiro Mundo. A cultura é: não comente sua meta com ninguém... não fale de dinheiro, fale sobre propósito, sobre seu desejo de mudar o mundo e impactar as pessoas, menos sobre dinheiro. Mas como não falar sobre o faturamento, que é justamente o oxigênio do negócio? Sem oxigênio não será possível ajudar nem impactar ninguém.

Quando comecei no digital, a minha primeira meta foi de R$ 200 por mês. Lembro como se fosse hoje, eu estava na metade da faculdade. Meus pais na luta para pagar a universidade de cinco dos seis filhos. Eles pagavam as contas com muita dificuldade e nunca nos faltou nada. Mas eu queria mais. Eu me permitia sonhar alto e colocar as minhas metas no papel.

Não acredito em equilíbrio 100%. Em algumas fases da vida, sim. Mas em outras é preciso desequilibrar algumas partes para equilibrar outras. Às vezes temos que nos colocar em situações extremistas, de sangue, suor e renúncia. Claro que é preciso dormir bem, se exercitar, ter lazer, mas escolhas devem ser feitas. Você pegou a meta e agora terá que batê-la. Essa sensação de "e agora, o que eu faço?" é o que nos permite evoluir, porque buscaremos soluções.

O segundo motivo pelo qual a gente não coloca a meta no papel não é o medo de não batê-la, mas o medo da frustração por não batê-la. Eu me perdoo quando não bato a minha meta, mas as minhas metas estão ligadas a um outro item extremista: prazo! É a busca por autodesenvolvimento em prol de querermos construir algo diferente.

Você é uma pessoa sem meta no papel e outra quando acorda todo dia e pensa: tenho uma meta para cumprir este ano ainda. Como superar o medo da frustração? Se autoperdoar. Identifique onde você errou, o que aconteceu por não ter batido a meta no prazo, reprograme os prazos (sem afrouxar) e siga em frente. E quando temos humildade temos mais positividade.

E por que R$ 100 por dia? Porque é uma meta realista. Não pule etapas. Ao colocar a sua meta no papel, o seu cérebro começa a funcionar de maneira diferente para alcançá-la. Você tem humildade, está se colocando em uma situação de desconforto, tem um tanto de medo (ok, nenhum problema, só não bloqueie). Como seres humanos, sempre lidaremos com metas em praticamente todos os âmbitos da vida.

A próxima etapa depois de definir a meta é buscar os ingredientes, os recursos para alcançá-la, que passa pelo lançamento de produtos digitais no mercado. Você precisa de um infoproduto. Não pense ainda no como...

Suponhamos que você tenha um produto de R$ 50 e uma meta de venda diária de R$ 100. Para atingir essa meta, seria necessário vender no mínimo dois produtos (isso considerando o valor bruto). Mas, antes, os potenciais compradores precisam saber que esse produto existe, o que vai envolver uma campanha com investimento em anúncios. Chegou a hora de fazer um planejamento. Para fazer cada venda de R$ 50, você precisa investir R$ 25. Isso significa que você terá que fazer quatro vendas para atingir sua meta diária de R$ 100, pois o seu faturamento líquido será de R$ 25.

Se for um produto de R$ 200 com o mesmo CPV (custo por venda – quanto preciso investir para que um produto seja comprado) de R$ 25, vendendo um por dia a meta terá sido alcançada. Mas se você vender cinco por dia, atinge a meta de R$ 1 mil.

Dentro do nosso curso DSB, temos um programa chamado "Marcos que inspiram". Os alunos entendem quais são os marcos que devem alcançar até chegar aos R$ 1 mil /dia. São 15 marcos para serem batidos na jornada. A primeira é selecionar o produto, o segundo, preparar esse produto para colocar no ar, depois, fazer a página de venda do produto, o marco 7, por exemplo, é o da primeira venda. Há um passo a passo, um crescente, não dá para pular etapas. Colocamos esses marcos e chegar ao faturamento de R$ 1 mil/dia é o marco 14. Eles são gradativos não só na meta, mas no desconforto. E cada marco vai ficando cada vez mais desafiador, na quantidade de vendas e de faturamento por dia.

Estamos esquecendo de pensar na jornada e de comemorar cada passo dela. Estimulamos os alunos a nos avisar e comemorar cada um dos marcos. A comemoração não é só uma questão de energia, ela está relacionada à clareza.

Se você entende qual é a sua meta, quais recursos deve buscar, qual a precificação, o CPV, quanto tem que vender para atingi-la e quanto precisa reservar de investimento para anúncios (o que chamo de verba de guerra), mais concentrado estará no que realmente importa. Se você coloca no mercado um produto de R$ 500 com um CPV de R$ 200, fatura R$ 300 por dia. Olha como isso te dá clareza. Claro que tem taxas e impostos, mas, para que você entenda, são essas nuances que fazem a diferença.

Não trabalhe para ser o maior e o melhor. Trabalhe para ser eficiente. Porque essa cultura competitiva destrói e não é saudável. A competição boa é a competição interna. Pergunte para si mesmo: "o que posso fazer hoje para ser melhor que ontem?".

Você pode seguir o melhor método do mundo, ser treinado pelo maior especialista do mercado, mas se a sua base não estiver bem trabalhada e definida (sim, a sua meta financeira) você ficará dependendo da sorte e, à medida que não tem noção do resultado, começa a adotar uma das falas que considero muito destrutivas nesse processo: "vou fazer para ver no que vai dar", "vou fazer para ver se vai dar certo". Não! **Faça até dar certo!**

Se você fizer a primeira venda, o caminho para poder fazer 5, 10, 50, 100 já começa a ser traçado. Mas você precisa se permitir começar. Tenho uma aluna que bateu R$ 2 mil/dia. E ela diz que o caminho para chegar aos R$ 1 mil foi mais desafiador do que de R$ 1 mil para R$ 2 mil. Financeiramente, é a mesma distância, mas a experiência dela agora é maior, a mentalidade está mais fortalecida, a estrutura e os recursos mais bem alinhados. Existe uma trajetória, um processo gradativo, não só em termos técnicos e matemáticos, mas de mindset também.

Como controlar seus resultados na internet?

Essa é uma grande dificuldade, inclusive para quem já está no mercado há algum tempo, para conseguir escalar o seu negócio e vender mais. O que eu controlo e o que eu não controlo? Quais são os fatores que importam para mim e quais são aqueles que eu sequer olho? Importante: essa é a forma como eu trabalho, o que acredito ser o mais eficiente.

Vou reforçar: é importante entender o caminho do usuário até a compra. Estamos na internet para criar e amadurecer uma cultura do digital, para ampliar a consciência de compra pela internet, para criar negócios lucrativos e vender cada vez mais infoprodutos, serviços, entre outras possibilidades.

O meu modelo de negócio no digital é 100% movido por investimentos em anúncios. Isso quer dizer que todos os dias eu invisto uma quantia na internet. De novo, não me canso de frisar que a vantagem do digital é a possibilidade de começar pequeno. Comecei com R$ 10 por dia e não importa se você tem R$ 10 ou R$ 50 mil para investir. O caminho do usuário é o mesmo, o objetivo final será o mesmo, o potencial de escala é o mesmo.

Caminho do usuário em 5 passos:

- **1. Usuário vê** o meu anúncio no feed do Instagram, do Facebook, nos stories ou no YouTube.
- **2. Usuário se interessa** e clica no meu anúncio (essa taxa não é de 100%).
- **3. É direcionado** para uma página de inscrição (onde colocará o seu e-mail, me permitindo construir uma lista de leads). No caso de a venda ser de um serviço, pode ser que a pessoa mande um WhatsApp, uma mensagem pelo Facebook ou ligue (importante entender o caminho do usuário do seu negócio).
- **4. Clica em "Saiba mais"** e vai para a página de vendas.
- **5. Decisão** de compra $$$.

Esses são os 5 passos para os quais eu fico atenta. O que não olho: engajamento do meu post, se as pessoas curtiram ou não, se compartilharam ou não, se comentaram ou não. Até vejo, mas não são as métricas que me interessam.

A partir desses 5 passos, foco nas siglas mais importantes para mim, que chamo de a bússola do tráfego. São quatro métricas, quatro pontos cardeais que me levam ao 5º ponto:

Quando você coloca um anúncio no ar e não sabe o que vai controlar, estará à deriva e, por isso, use a analogia da bússola, pois quatro métricas/pontos cardeais te darão a direção.

Tráfego é a circulação de pessoas dentro das plataformas e redes sociais. Quando estou fazendo anúncios, estou comprando o tráfego dos grandes portais (Google, Facebook, Youtube), filtrando essas pessoas de acordo com os interesses, preferências, dores e modo de vida do meu avatar.

- **CPC:** custo por clique (quanto pago por cada clique na minha oferta)
- **CPL:** custo por lead (quanto pago por cada pessoa que cadastrou o seu e-mail)
- **CPV:** custo por venda (valor do investimento por venda)
- **LPV:** leads por venda (quantidade de leads que preciso atingir para realizada cada venda)

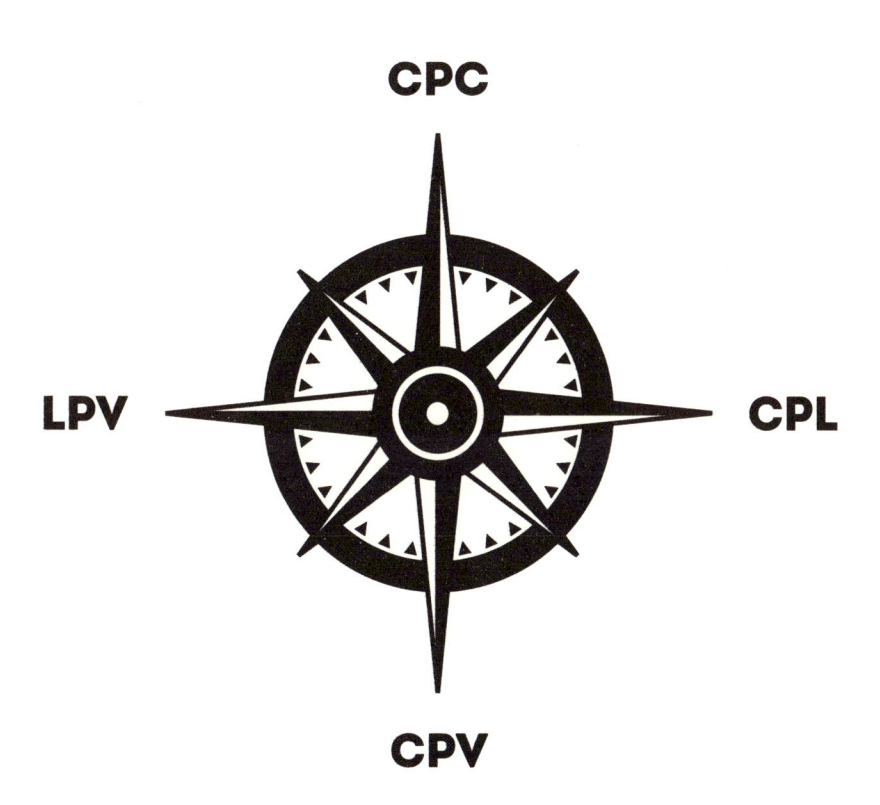

CPC

LPV   **CPL**

CPV

É preciso medir e ter na ponta da língua o seu CPC e quanto foi necessário investir para a pessoa deixar o seu contato/e-mail (CPL). O ideal é que no mínimo 30% das pessoas que clicam nos seus anúncios se cadastrem para saber mais (podendo chegar a 50%, 60%, número altíssimo). Ou seja, 70% da audiência abandona a página sem se cadastrar.

Vamos supor que eu esteja pagando R$ 0,10 no CPC e tenho 30% de conversão. A cada dez pessoas que chegam na minha página de inscrição, três se cadastram para saber mais (ou seja, tenho uma taxa de conversão de 30%). Investi R$ 1 (já que pago R$ 0,10 de CPC) para as pessoas chegarem na minha página e tive três pessoas interessadas. Isso significa que meu CPL, nesse exemplo hipotético, é de R$ 0,33. Porque investi R$ 1 e tive três leads.

É assim que controlo os meus resultados na internet. Essas métricas são o sentido, o que me direciona na bússola.

- **CPC e CPL** são métricas que chamo de pré-venda, ou seja, eu as meço mesmo sem nenhuma venda realizada.

- **CPV e LPV** são métricas pós-venda, que só terei depois de ter aberto o carrinho. Ou seja, quanto investimento em anúncios e quantos leads são necessários para alcançar uma venda.

Exemplo: 100 pessoas se cadastraram na minha página de inscrição (ou seja, tive 100 leads) e cinco compraram.

Leads: 100

CPL: 0,33

Leads x CPL = 33,00

CPV: R$ 33 / 5 compradores = 6,60

LPV: 100 / 5 = 20 (ou seja, preciso de 20 pessoas – 20 leads – para fazer cada venda)

Essas são as métricas que regem a minha vida e como controlo os meus resultados. Não importa o que eu esteja fazendo. No final das contas, controlo essas quatro métricas. E, ao entender o caminho do usuário até a compra, você controla essas métricas ainda melhor.

Se o primeiro passo no caminho do usuário é ver o meu anúncio e se o meu CPC está alto, isso significa que tenho que melhorar o meu anúncio. Quando tenho a visão das métricas de pré-venda e das métricas pós-venda, entendo onde preciso trabalhar para melhorar os meus resultados.

Suponhamos que o meu CPC (custo por clique) esteja em R$ 2 e o meu CPL (custo por lead) esteja em R$ 4, isso quer dizer que a cada duas pessoas que chegam até a minha página, uma se cadastra, ou seja, 50% de conversão, uma taxa que comprova que as pessoas estão interessadas.

Mas um CPC de R$ 2 indica que o meu custo está altíssimo. Nas minhas análises, o CPC não deve jamais ultrapassar R$ 0,50. Com o entendimento do caminho do meu usuário e o direcionamento das quatro métricas da minha bússola, onde devo focar, em melhorar a minha página de inscrição ou o meu anúncio? Nesse caso, no anúncio, porque o meu CPC que está muito alto.

Nesse outro cenário, tenho um CPC (custo por clique) de R$ 0,10, CPL (custo por lead) de R$ 0,30 e uma LPV (lead por venda) de 200. Se preciso de 200 pessoas para fazer cada venda do meu produto, minha tarefa urgente é trabalhar a minha página de vendas, a minha oferta. As pessoas estão clicando no meu anúncio, estão se cadastrando, mas quando chegam na hora da compra, desistem. Elas abandonam a página por algum motivo. Então, vou concentrar os meus esforços na minha oferta.

Percebe a importância de entender cada um desses cenários? E que cada métrica, cada ponto cardeal vai me orientar para a direção que mais solicita a minha atenção, vai me mostrar onde tenho que melhorar rumo ao meu alvo, à minha meta.

Quando as pessoas me dizem que o lançamento não deu certo, que lançou e não vendeu nada, pergunto qual a parte do seu lançamento não está funcionando? É o anúncio, a página de inscrição, a chamada? Qual a taxa de conversão? De quantos leads está precisando para efetivar cada venda?

Usar as quatro siglas da bússola do tráfego simplifica esse dragão, desfaz essa nuvem carregada, esse excesso de informação desencontrada. Coloque nelas o seu foco, porque ainda não é hora de se preocupar com engajamento em post orgânico, mas com as métricas que realmente farão o seu negócio dar resultado e decolar. Isso é entender a parte mais importante do negócio, para onde devo olhar. É olhando para essa bússola que a gente verdadeiramente consegue se situar. Não dá para olhar para tudo, para esse bombardeio de informações.

Eu, sem essas métricas, perco meu eixo. Não tem nenhuma outra métrica de referência que funcione melhor do que essas.

São elas, inclusive, que nos levam para a métrica unânime do mercado: o ROI, o retorno sobre o investimento. Investir é condição indispensável, e o ideal é que esse retorno seja positivo sempre. Todo esse controle te levará ao melhor ROI. Toda vez que você investir (e você tem que investir), aliar o caminho do usuário de forma precisa e a bússola do tráfego te aproxima cada vez mais do seu ROI positivo. E esse caminho trilhado pelo seu usuário é construído por você.

Uma outra sacada: se eu quero começar do zero, esse caminho é muito mais acessível.

Comece pela página de inscrição para que possa testar a sua chamada, verificar se ela tem apelo. A chamada é a sua promessa, de acordo com o seu produto. No meu caso, a chamada do meu curso DSB é: "como construir sua trajetória de R$ 100 a R$ 1.000 por dia mesmo que você não tenha experiência, começando do absoluto zero".

Siga esse passo a passo: construa a página, reserve uma verba bem acessível para fazer os anúncios, de R$ 50 a R$ 100, mesmo que sua oferta não esteja finalizada. Se as pessoas clicarem, se inscreverem, sua chamada tem apelo. Se não, retrabalhe e substitua-a.

E, quando você está começando, vai trabalhar com um público frio, pessoas que não te conhecem e estão te vendo pela primeira vez na vida. À medida que elas se interessam pela sua oferta e se inscrevem, isso se transforma em lead e passam a fazer parte do seu público quente, aqueles que já te conhecem.

E a construção de públicos é um processo de escala. Ao fazer meu lançamento, meço meu LPV (lead por venda) de forma diferente para cada um dos dois públicos, aquele que já está nas minhas listas porque já o atraí em outras oportunidades e aqueles que ainda não me conhecem.

O LPV do meu público quente é 40, ou seja, preciso de 40 pessoas para fazer cada venda. O ROI é maior, mas é um público mais restrito. Já o LPV do meu público frio é 140, representando um ROI menor, mas com uma capacidade gigante de escalar o meu produto. E mesmo sendo menor, o ROI ainda fica muito positivo.

Isso sem contar que, através do público frio, também aumento o meu público quente. As pessoas que me viram agora, no próximo lançamento, estarão mais aquecidas. O público quente tem um poder maior de conversão, mas não precisamos dele para começar.

Acredito que é esse tipo de visão que precisamos aflorar culturalmente, porque nos dá clareza, controle, nos tira do excesso, reduz a sobrecarga da mente e do seu dia, elimina a barreira que o impede de começar. Um grande equívoco é a crença de que você precisa ser ou se tornar famoso no mercado digital. Calma. Quando seu lançamento funciona, naturalmente os seus canais de comunicação, como Youtube, Facebook e Instagram crescem. Não é o contrário. Cresce porque é um eco. Tenha essa visão do eco e tire essa sobrecarga de ter que saber falar, gravar vídeo, fazer arte, postar e, consequentemente, se frustrar porque só conseguiu 10 visualizações nos stories, dois comentários no post, fez a fanpage e ninguém curtiu. Isso é métrica de vaidade.

Quanto mais eu vejo os meus alunos começando do zero com produtos licenciados no exterior, customizados e lançados por eles no Brasil, sem necessidade de ter um nome, um expert, somente com o nome de uma equipe ou de alguém modelando aquele produto, fazendo a primeira venda, crescendo até chegar a R$ 100, R$ 200, R$ 500, R$ 1.000 por dia, mais eu tenho essa convicção. Quanto mais meu lançamento cresce com o público frio, mais eu me convenço do que te ensino aqui.

Essa é a única forma de começar? Claro que não. Mas acredito que seja a mais lucrativa e aquela que promove crescimento sustentável no médio e longo prazo. Essa estrutura mental simplifica a minha vida, me direciona para onde devo de fato colocar a minha energia.

FAÇA ATÉ DAR CERTO!

Um erro grave que as pessoas cometem no digital

Como a proposta deste capítulo é trazer elementos para te ensinar a ter resultado no digital, independentemente do seu ponto de partida, não posso deixar de aprofundar esse tema que, para mim, é um grande erro que as pessoas insistem em cometer e acabam caminhando na contramão da sua tão suada meta financeira.

Produzir conteúdo é importante, mas tenho visto as pessoas direcionando toda a energia e concentração para esse setor. Você vai investir o seu ativo mais importante e valioso, o seu tempo, em postar conteúdo que será mostrado para um percentual baixíssimo dos seus seguidores. O Instagram não tem como mostrar tudo para todo mundo. E não temos condições de ver tudo o que as pessoas que seguimos postam. Se curtir a foto de uma pessoa hoje, os algoritmos do Instagram entendem que gosto daquela pessoa e começam a me mostrar mais conteúdos postados por ela. Eles prestam atenção no nosso movimento on-line e reforçam o que está de acordo com o que eu clico e comento, entendendo, assim, que essas são minhas preferências.

Não quero dizer que você erra de propósito, por teimosia. Sei que é um erro invisível, um erro honesto com a intenção genuína de acertar. Mas é a mão contrária do que você tem que fazer e que vai te levar a dispender muito mais tempo e energia para talvez atingir um resultado muito aquém do esperado.

Se a sua energia está mais focada nos seus posts do que na sua estratégia de anúncios, é hora de rever. Digo isso com base na minha experiência e na dos meus alunos. Vários deles sequer possuem um perfil no Instagram daquilo que estão vendendo. Sem contar que a necessidade de postar se torna uma prisão, colocando nosso cérebro em um círculo vicioso de culpa caso a gente não consiga produzir.

Se me tirassem tudo hoje, sabe o que eu faria? Esqueceria as redes sociais e focaria na minha oferta. Focaria no que vou oferecer, em fazer um trabalho aprofundado sobre o meu avatar, entender suas dores, quem ele é, o que ele pesquisa, o que consome, o que diz para o melhor amigo, o que tira o seu sono (é não conseguir pagar a escola do filho, é a crise do casamento, é o emprego, o chefe...).

Postar no Instagram representa o que estou sentindo, o que estou pensando e não os pensamentos e sentimentos do meu avatar. Entende? Claro que você vai precisar postar, pensar em conteúdo, mas somente depois que tiver uma oferta irresistível e vendedora no ar. Concentre-se em aprender a anunciar na internet e em pensar nas entrelinhas das dores do seu avatar, porque isso fará com que você se conecte a ele e, sobretudo na internet, você só vende se houver conexão.

O conteúdo é importante e faz sentido para escalar um negócio. Se você já tem produto, oferta, faz anúncios vendedores, você pode aliar o conteúdo a essa base para se fortalecer. Caso contrário, é rodar em círculos. Focar somente no conteúdo é ficar dependente da sorte, contando com o que o Instagram está disposto a entregar e para quem. Se o algoritmo não entregar seu anúncio, o que você fará? Se você sabe fazer ou está focado em aprender, atrairá mil, 2 mil pessoas para a sua página. Mas, se não sabe, faz um post, ajoelha e reza.

Mas agora você tem a bússola. Guie-se por ela.

Verba de guerra! O que esse termo que você nunca ouviu falar tem a ver com a história?

Tudo! Tem a ver com tudo. Verba de guerra é o valor que você estrategicamente decide destinar todos os meses para anunciar na internet. Aprender a anunciar e a vender é a habilidade mais poderosa que você pode e deve aprender se realmente quer entrar para o digital.

O número de pessoas com acesso à internet está crescendo e a cultura de compra on-line está aumentando muito no Brasil – indicativos de que a consciência de compra digital está em alta. Uma compra on-line dificilmente para na primeira. Podemos observar uma leva cada vez maior de pessoas que querem comprar e também de pessoas que nunca compraram e querem entrar nesse universo. E como você vai atingi-las? Aprendendo a anunciar e fazendo com que o seu anúncio apareça no feed do Instagram, no story, no início do vídeo que ela está assistindo pelo Youtube.

Quando você anuncia ou patrocina, o algoritmo entrega obrigatoriamente. Se você não patrocina, tem que confiar no orgânico. Você posta, cruza os dedos e ainda tem que contar com estar com disposição para postar com frequência.

Investir em aprender anúncios é investir no desenvolvimento da sua autonomia, porque com métricas você tem condições de tomar decisões fundamentadas, baseada em análise, dados reais, gerando **resultados com velocidade e controle.** Decida onde vai investir sua energia, que é um recurso escasso no dia.

E como você entende as dores do seu avatar? Fazendo pesquisa sobre ele na internet. É homem ou mulher? Qual a idade, onde mora? Exemplo: meu avatar é uma pessoa endividada e eu ajudo pessoas a saírem das dívidas. Começo a pesquisa na internet com a pergunta "o que um endividado pensa", "como sair das dívidas", começo a ler artigos de pessoas que saíram de crises financeiras, como elas saíram, o que elas sentiam, sofriam, o que se passava em suas cabeças, elas brigavam com as pessoas, se desentendiam com a família, com os filhos, perderam o casamento, entraram em depressão, brigaram com o chefe, engordaram... Quando penso nisso, estou focada na dor do meu avatar, em conhecê-lo para entregar a ele a melhor oferta, entendendo e conversando com essas dores:

"Olha, sei que você está endividado, triste, desanimado, que seu filho não fala mais com você, sei que você não acredita que é possível sair de uma crise tão profunda, sei que você se divorciou, sei que a escola está atrasada, que seu carro está sem gasolina, que o banco já confiscou o seu carro, sei que os juros só crescem, mas, olha, me ouve, já passei por isso e posso te mostrar como você pode sair dessa situação."

Para todo produto que você queira lançar, se estudar as dores, o que o seu avatar anseia, o que sonha, qual o mundo perfeito e ideal para ele, as vendas acontecerão. Vamos pensar em alguns exemplos:

Curso de piano. Seu avatar pode ser uma pessoa que está exausta e consegue relaxar tocando uma música. Ela deseja sentar e tocar para a família, para os amigos, para os netos, quer receber a admiração das pessoas, criar um ambiente agradável na casa dela por meio da memória afetiva trazida pelas músicas que ela mais gosta de tocar, fazer uma comemoração, fazer de um jantar uma noite inesquecível, transformar a energia da casa... Isso é um exercício de avatar. Estar focado nos objetivos que quero atingir.

Quando lançamos o nosso primeiro produto digital, eu e meu sócio Romualdo, um excelente copywriter, ficamos quatro meses trabalhando com foco total na nossa carta de vendas. Pesquisamos exaustivamente sobre o nosso avatar, tentando entender as suas dores e escrevendo, registrando. Aquilo virou um vídeo de vendas narrado por mim e vendemos R$ 5 milhões em dois anos. Foi a primeira carta de vendas que a gente acertou. O caminho entre ter resultado ou não na internet é acertar essa primeira carta de vendas. Depois você une isso a uma estratégia de fazer os anúncios chegarem às pessoas certas. Porque de nada adianta uma carta de vendas vista por ninguém.

NÃO DEPENDA

DA SORTE DO ALGORITMO! BATA NO PEITO E DECIDA

DOMINAR

OS ANÚNCIOS NA INTERNET.

PARTE 3

A PERGUNTA QUE MAIS OUÇO:

NÃO SEI NADA, COMO COMEÇAR NO DIGITAL?

\# Comece acreditando e fazendo até dar certo!

Os passos que vou apresentar são conceitos e princípios de vida, que te transformam em uma pessoa de alta performance. Se você não se considera alguém de **alta performance**, trabalhe essa mudança de mindset. Decida que você é uma pessoa que pesquisa, testa, analisa e é curiosa, vai atrás, faz os exercícios para ver se funcionam mesmo, não tem medo de errar e tem uma mente orientada para a busca de soluções.

- **Passo 1: querer de verdade!** Desejar é fácil, porque é muito envolvente, porque parece ter somente benefícios. Querer de verdade não é só um fogaréu, que incendeia e passa, que desiste no primeiro obstáculo. Querer de verdade é aprender com seus erros, é insistir no seu objetivo até que ele dê certo.

■ **Passo 2:** você vai precisar de um produto para vender, afinal você quer faturar, ganhar dinheiro. É nessa hora que a sua cabeça entra em parafuso, tentando encontrar o que, afinal, vai vender? O que ensino é **como vender um infoproduto** (um produto de informação), que pode ser um e-book, um curso on-line, um audiobook. É possível vender produto físico também, mas o digital tem muito poder de escala pela possibilidade de venda em volume, sem preocupação com frete e com a logística da entrega. Você pode vender um por dia, mas também pode vender 10, 100, 1.000, sem estar ligado ao seu limite de carga horária. Em se tratando de curso on-line, posso ter 10 ou 10 mil alunos. Presencialmente, mesmo que eu viajasse o Brasil inteiro não atingiria essa quantidade de pessoas.

- **Passo 3:** O produto digital precisa ter especificidade, ou seja, é preciso escolher um segmento, um **nicho de mercado.** E todo mundo tem muita dúvida sobre qual o melhor nicho, qual o mais lucrativo. A verdade é que existem milhares de nichos lucrativos. O que dará mais resultados? Aquele em que você focar! E não limite a sua capacidade de ter um produto digital ligado à sua especialidade, à sua área de formação.

#DESAFIO

Quero propor um exercício para ajudá-lo no processo de escolha do seu produto digital. Ao pesquisar nas maiores plataformas de vendas de infoprodutos, como Hotmart, Eduzz e Monetize, consigo ter acesso a um amplo mercado, uma extensa prateleira de produtos digitais. Você pode filtrar por nicho, por mais vendidos, por preço. Faça esse exercício agora e veja a infinidade de assuntos possíveis. É uma forma simples, fácil e gratuita de abrir a sua mente e sair desse limbo da dúvida de por onde começar e do medo de aprender a vender.

Só de fazer esse exercício você já está em ação, estará estudando o mercado. Mas não fique pensando "isso não é para mim". Aceite o desafio com o objetivo de selecionar os top 10 que mais te interessam e começar a ter um direcionamento, essa referência. Você não precisa reinventar a roda.

E não precisa ser de um tema que você domine. Posso vender um produto de ioga sem nunca ter feito ioga. Posso vender um produto de crochê sem nunca ter feito crochê, sem nem saber nome ou modelo de agulha. E há experts que querem muito colocar seus conhecimentos no mercado, mas não tem alguém com essa visão de mercado para viabilizar a inclusão desse conteúdo no digital. A maioria dos experts são anônimos. Muitas vezes você tem uma habilidade e o mundo não sabe da sua existência.

Você precisa vender algo e o produto digital te dá escala. É o melhor dos mundos. Mas não saia atirando para tudo quanto é lado. Escolha e foque em apenas um. Cada escolha, uma renúncia, e está tudo bem. Já falei isso aqui dezenas de vezes, mas não canso de repetir: vender pela internet é para mim a habilidade mais importante da nossa era, porque nos traz liberdade. Sei vender pela internet, mas estudo todos os dias para melhorar. E você pode vender absolutamente tudo, de produto a serviço. O mesmo processo que você faz para vender um, fará para vender milhares.

■ **Passo 4:** construa uma página de vendas, uma **oferta irresistível.** Produto é o que eu entrego. Oferta é a transformação, os benefícios que prometo para a vida do meu cliente. E não diga "ah, não sei fazer uma página", não comece a colocar objeções. Hoje há ferramentas gratuitas, simples e intuitivas para ser fazer tudo o que você quiser. E também há freelancers que fazem isso por preços super amigáveis. Não invente desculpas. Encontre as soluções. Senão você emperra no passo 1. Se você quiser de verdade, vai dar um jeito de conseguir.

Alcançar o sucesso requer uma mentalidade caçadora de soluções e muito autoconhecimento para reconhecer o que está sentindo e não tomar decisões equivocadas. Muitas vezes a pressão está tão grande que pensamos em jogar tudo para o alto, mas na verdade só estamos exaustos. Nesse caso, a solução é descansar e não desistir. Dessa forma você terá condições de seguir firme, trilhando o caminho que deve ser trilhado custe o que custar.

Aproveite que a cultura do digital não exige perfeição. Você aprende, erra, conserta e melhora enquanto coloca em prática e implementa.

■ **Passo 5: Anunciar.** As pessoas precisam saber que você tem algo para vender. E as ferramentas disponíveis hoje são muito poderosas, como o Facebook Ads, para Facebook, Instagram e stories, e Instagram e o Youtube Adwords. Tenha uma mente e olhos mais abertos para isso. Se não valesse a pena, não haveria tanta gente anunciando. Por que tanta gente investe nisso? Porque é possível medir e constatar o quão lucrativo é. E os valores são justos. Não são uma fortuna como anunciar na televisão. Comecei anunciando R$ 10 por dia. Trocava o dinheiro da pizza e da manicure para investir no meu produto. Eu tinha essa clareza. Abri mão de uma coisa momentânea, porque consegui enxergar que aquele investimento me levaria para algo maior.

Você que está começando do zero, do nada, tem a possibilidade de começar pequeno, testar com pouco, porque entrar no mercado digital não é igual abrir uma loja física, alugar um espaço, reformar, rezar de joelhos para ter clientes, para não ter prejuízo, e quando não vende o suficiente naquele mês, bate o desespero.

■ **Passo 6:** Quanto preciso investir para fazer cada venda? Chamo isso de **métrica universal**. Se você não sabe isso, para tudo e não dê um passo sequer sem ter essa clareza. As métricas no digital possibilitam que os erros sejam rapidamente identificados e corrigidos.

Suponhamos que meu produto é um copo bonito, decorativo, do nicho de design de interiores, vendido a R$ 50. Fiz a oferta, a minha página de vendas, e estou investindo em anúncios de R$ 10 a R$ 20 por dia. No segundo dia, fiz a primeira venda e no meu gerenciador eu tinha investido R$ 15 (esse é o meu CPV). No digital, não tenho custo de produção unitário, entrega, frete etc.

A métrica não é engessada, às vezes está alta, outras vezes, mais baixa, por isso precisa de ajustes frequentes. Parte do lucro deve ser reinvestido. Quando você aumenta o investimento, o CPV aumenta um pouco também. Mas, em vez de 10 vendas, você estará fazendo 1.000. Isso é escalar.

Uma vez, a pedido de um amigo, analisei o seu curso jurídico preparatório para a OAB. O produto era vendido por R$ 500 e o CPV era R$ 20, um resultado fantástico, mas ele continuava investindo os mesmos R$ 20 por dia havia três meses. Se ele investisse R$ 500 venderia quanto? R$ 5 mil. Mas a justificativa era o conservadorismo. Ele dizia que a esposa não o deixava aumentar o investimento, porque estavam pagando o apartamento. E eu perguntei: que tal quitar esse apartamento em um mês?

Muitas vezes você está fazendo apenas uma venda por dia e um pequeno aumento no investimento faria esse resultado dobrar, triplicar. O ROI alto mostra que posso reinvestir mais e aumentar o volume de vendas. Tenha suas métricas sempre em mãos e aprenda a analisá-las para tomar decisões inteligentes. Você quer investir R$ 10 para vender R$ 100 por dia ou investir R$ 1 mil para fazer R$ 2 mil, R$ 3 mil por dia? O seu lucro pode diminuir um pouco, mas a lógica é clara: você ganha mais no volume.

O curso DSB ensina o aluno a licenciar um produto. E existe uma forma de fazer isso com produtos digitais, porque o aluno busca o produto sem precisar desenvolvê-lo. Há milhares de experts no exterior que fazem e-books e disponibilizam para as pessoas licenciarem a valores irrisórios. Paguei US$ 12 para licenciar um e-book de ioga e posso comercializá-lo para o resto da vida sem pagar mais nada. Já vendi mais de 1.500 cópias por R$ 97.

- **Passo 7: buscar melhorar essa métrica todos os dias.** Como posso deixar a minha página ainda mais irresistível? Aprofundando o entendimento das dores do seu avatar (outro tópico que não canso de bater na tecla). Quando lancei o curso de crochê, descobri que os praticantes costumam desenvolver algumas lesões bem doloridas no punho e na oferta eu mencionava que o método ensinava como fazer o movimento de forma correta para não lesionar ou piorar a dor. É realmente ir no detalhe.

As pessoas estão clicando no anúncio? Às vezes uma mudança de cor já muda a percepção e atrai mais o interesse. E tenha como meta colocar a sua primeira página de vendas no ar e depois fazer uma nova versão melhor. Lembra do que conversamos sobre o iPhone 1 e o iPhone 10? Você pode aprimorar sempre, mas não se bloqueie. Seja um profissional que já colocou 20 páginas no ar para construir ofertas incríveis. É assim que você ganha dinheiro, sem milagres.

- **Passo 8:** revisite os 7 passos anteriores todos os dias. Alimente o seu querer diariamente, como em um casamento bem-sucedido. Todo dia escolho o digital para a minha vida.

> **TRÍADE DIÁRIA:**
> **MELHORAR MEU PRODUTO**
> **MELHORAR MINHA OFERTA**
> **MELHORAR MEUS ANÚNCIOS**

Adote o Life Long Learning, um conceito de melhoria contínua, no qual se aprende e se aplica simultaneamente. É um novo paradigma da educação, que sai de um modelo em que se estuda por anos antes de colocar os aprendizados em prática para esse aprendizado constante aliado à prática.

No período pré-pandemia, o digital era opcional. Hoje é obrigatório! Siga os 8 passos.

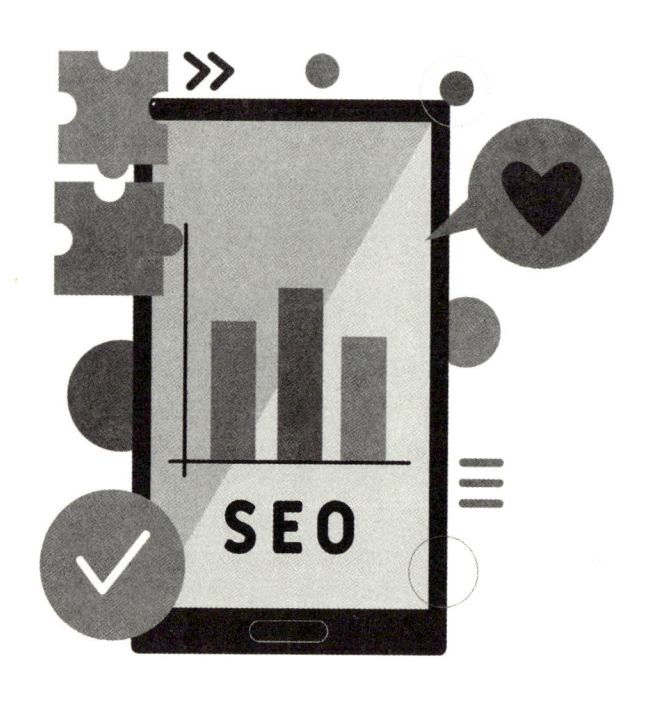

Não tenho dinheiro, posso começar no digital?

O mercado digital nos permite começar com pouco e crescer gradativamente. Imagine que caiu R$ 100 na sua mão agora. Qual a sua autonomia para olhar esse dinheiro e dizer: vou pegar uma parte e destinar para determinado projeto. Ou vou guardar para investir no negócio. Porque se você não faz essa destinação financeira, o dinheiro desaparece. "Dinheiro na mão é vendaval", frase perfeita para a nossa sociedade consumista e sem educação financeira. O que fiz com o meu pouco foi investir no meu conhecimento. Na época, não tinha mentores, cursos, vídeos como hoje. Eu buscava cursos nos Estados Unidos, porque era onde havia bastante conteúdo, mas tudo em inglês. Até hoje não domino o idioma, sei somente o que diz respeito ao assunto tráfego e campanha de anúncio. Mas eu usava o Google tradutor e me virava.

Até que o primeiro curso em português que ensinava a ganhar dinheiro pela internet foi lançado e eu comprei. Há quinze anos custava

R$ 59, um valor alto para mim na época. Apliquei o que aprendi e comecei a vender e-books por R$ 9,90. Naquele momento eu já tinha a percepção de que eu podia fazer mais.

Se você tem pouco e quer começar, comece investindo no seu conhecimento.

Hoje você pode estudar gratuitamente pela internet. Há conteúdos excelentes no Google e no Youtube, o seu trabalho será fazer a curadoria. E se proíba de dizer a frase "não tenho dinheiro" ou "tenho pouco dinheiro".

Algo super importante é você definir quanto quer faturar, quanto quer ganhar por mês, mas com a consciência de que não é um emprego e você não vai receber o salário depois de trinta dias. O mundo dos negócios exige planejamento, saber perder e entender que você pode ficar no negativo antes de entrar no positivo. Essa jornada de começar perdendo para ganhar é que temos que amadurecer. E seja sempre muito responsável com o seu dinheiro, tomando boas decisões.

Humildade é uma virtude que deve te acompanhar. Quando comecei, eu era muito ingênua e otimista, mas tinha muita humildade na hora de estabelecer minhas metas financeiras, que começou com R$ 200 por mês. O mundo dos negócios não é brincadeira, não é entrou-ganhou. Muito provavelmente você vai errar mais do que imagina. E lembre-se, você não perderá dinheiro, encare como aulas caras, porque os erros são oportunidades de grandes aprendizados.

O que me fez ter sucesso foi ter foco, sou uma pessoa muito focada. E não fico olhando para o lado para não me dispersar. Se você tem pouco recurso financeiro e quer entrar na internet, foca nesses dois pontos: tráfego e copy.

Hoje temos muitas formas de começar sem recursos, só levará um pouco mais tempo. Consegui evoluir meu conhecimento em tráfego, na maioria dos casos, de forma gratuita. Isso me custou organizar as informações disponíveis, e também mais tempo de investimento, mas eu tive foco. E mesmo que possa investir em um curso, por exemplo, comprá-lo não é como tomar uma pílula mágica. Tudo vai depender da sua dedicação.

Investir no seu conhecimento representa alguns atalhos porque as informações estarão organizadas de forma a facilitar a sua execução. O meu maior desafio é fazer o meu aluno assistir o curso até o final. E isso é universal, do ser humano, não tem a ver com o meu curso em si.

Se você vive num mundo de escassez financeira, então essa deve ser a mola propulsora para você agarrar o que quer com unhas e dentes. Se você não faz nada, porque se prende a justificativas como não ter tempo, não ter dinheiro, depender do pai, da mãe, do marido, da esposa, eu pergunto: "Ok, você não tem, mas o que vai fazer para ter?".

Você tem que virar o seu mundo do avesso, porque é onde o nosso sucesso está.

O mundo dos negócios está pouco se lixando para mim, se tenho dinheiro ou não, se estou bem de saúde ou não, se perdi alguém ou não. Ele quer execução. Tenha um planejamento, aceite passar pela dor, pelo processo de suar frio para aprender uma nova habilidade.

DÓI, NOS TIRA DA ZONA DE CONFORTO, MAS VALE A PENA.

Comecei e cresci no Orkut. Essa rede social acabou e eu só cresci. Não tenho medo do Facebook e do Instagram acabarem, porque eles chegarão ao fim somente quando houver uma opção melhor. Ninguém sabe das nossas dores, só sabe que temos que trabalhar. E temos que ir com brilho nos olhos, com vontade. Ter essa paixão de verdade e deixar transparecer.

Não ter dinheiro não é desculpa, é motivo para você fazer e não para não fazer.

Eu pensava: se eu não fizer a unha nessa semana, terei R$ 30 a mais. Se eu dormir com o ventilador em vez do ar-condicionado, terei R$ 200 a mais. Se eu comer carne moída em vez de filé, terei R$ 50 a mais. Se eu deixar de comprar aquela roupa, terei R$ 150 a mais para investir no meu negócio. Quando você está focado, começa a ficar mais criativo e a encontrar mais soluções.

Temos que parar de olhar para as nossas restrições como motivos para não continuar. É o contrário! Tem que dizer: é por isso que estou virando noite, para sair dessa situação.

Não adianta começar sem estudar. Afie seu machado. O estudo é esse amolador. Imagine que você tenha cinco horas para derrubar uma árvore. Outra pessoa passa todo o tempo tentando derrubá-la com um machado cego. O sábio fica quatro horas afiando o machado e, em uma hora, derruba a árvore.

Invista no seu conhecimento!

Caso não possa investir financeiramente agora, faça duas coisas: pare de dizer que não pode, que não tem; e prefira estar no YouTube estudando, pesquisando, aprendendo em vez de ficar no Instagram, na Netflix, no Facebook.

Isso te prepara para buscar oportunidades, amadurecer, ser mais criativo. Se você não tem recursos, mas tem condições de conversar com um investidor, mostrar o potencial de crescimento do negócio, propondo uma parceria em que você entra com a execução, quem sabe esse aporte não vem?

E, a partir do momento que você definir o seu plano A, não tenha plano B.

Se quer entrar no digital, afie o seu machado. Não pare de estudar. Pense positivo, faça afirmações fortalecedoras. Tenha atitudes de quem busca resultado.

Pare de dizer que não tem dinheiro. Considere um ciclo. Dinheiro é abundância, é um meio. O que você vai estudar hoje? Quando eu estava muito sem grana, entendia que era uma fase e dizia para mim mesma "eu não aceito" e fazia o que tinha que ser feito para chegar aonde cheguei. Tudo o que é novo para você parece difícil, mas é possível aprender.

NÃO TER DINHEIRO NÃO IMPEDE QUE VOCÊ SE COLOQUE EM AÇÃO. VAI PESQUISAR NA INTERNET. AS IDEIAS VIRÃO.

#FazerAtéDarCerto
#NãoFaçaVendavalDoSeuDinheiro

SE VOCÊ TEM POUCO E QUER COMEÇAR, COMECE INVESTINDO NO SEU CONHECIMENTO.

Não tenho tempo, como começar no digital?

"NÃO TENHO TEMPO PARA O DIGITAL" A SEMANA TEM 168 HORAS

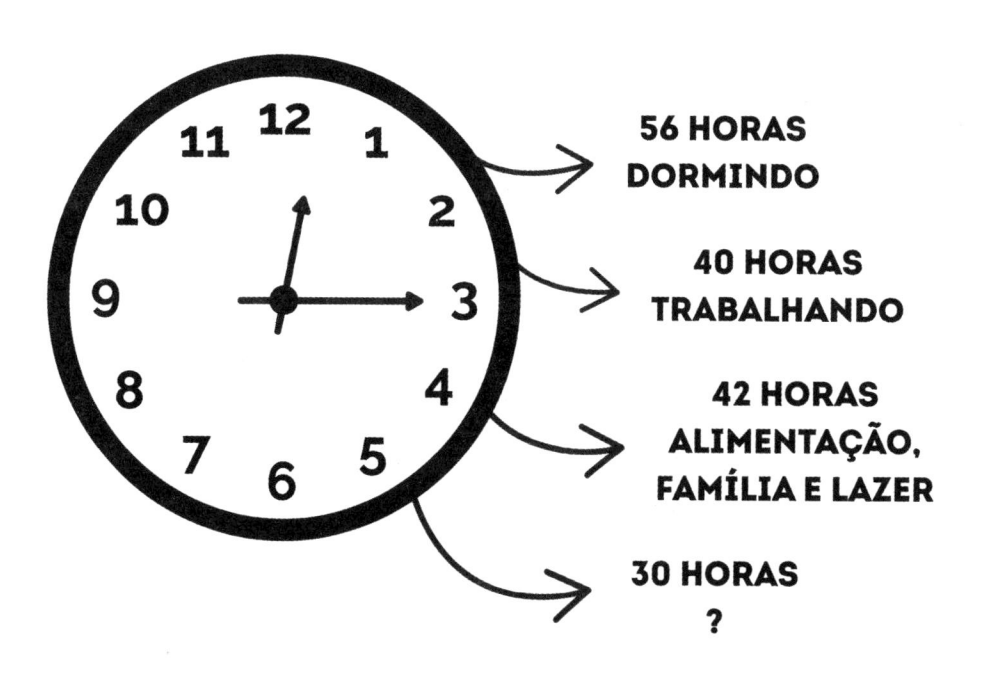

- 56 HORAS DORMINDO
- 40 HORAS TRABALHANDO
- 42 HORAS ALIMENTAÇÃO, FAMÍLIA E LAZER
- 30 HORAS ?

FALTA TEMPO OU PRIORIDADE?

Tempo é uma questão de prioridade.

Quando comecei, fazia faculdade e tinha pouquíssimo tempo. Se você é mãe, provavelmente passou a ter uma rotina enlouquecedora na pandemia, tendo que trabalhar com crianças em casa, a crise econômica pode ter te deixado sem renda ou precisando trabalhar o triplo para ter mais de uma fonte de renda e cuidar da casa e de tudo.

Mas há formas de criar janelas de tempo. Reduzir em 20, 30 minutos o horário do almoço, por exemplo. Acordar uma hora mais cedo ou dormir uma hora mais tarde. Fazer escolhas como abdicar de um filme ou escolher entre arrumar a casa ou estudar. Parar de dizer que não tem tempo para desbloquear o seu cérebro e buscar soluções.

Para construir o seu negócio digital, você vai precisar de uma hora por dia, no mínimo. É possível. Você não precisa abrir mão do seu emprego atual para isso. Coloque essa meta diária. E se hoje trabalhar menos tempo, amanhã você compensa.

Tenha método e plano de ação. Não adianta fazer tudo isso e chegar na frente do computador e não saber por onde começar, que passo a passo seguir. E divida seu tempo em 80% estudo e 20% ação. Se você tem 15 minutos, estude 10 e aplique 5. Mas tenha método.

Escolha o método que você quer seguir por 10 anos. Para ficar bom em algo, você tem que aplicar a repetição. Fazer aquilo muitas vezes. Não pode achar que vai fazer uma vez e pronto. Acorde todos os dias para ficar melhor no que você quer.

Não se puna se precisar reduzir o ritmo. Nossa vida não é linear, incêndios podem aparecer e precisam ser apagados, temos imprevistos pessoais. Não se desespere pelos furos, enalteça os motivos e tenha motivação para continuar. Uma aluna uma vez ficou afastada por três meses do curso por problemas pessoais e me perguntou se podia voltar. Respondi: "Se você pode? Você deve!".

Existem dois tipos de cansaço: o da disciplina e o da procrastinação. Aquela hora que você achou que perderia por não ter ido para a academia pode ser prejudicial porque a culpa vai impactar o resto do seu dia e vai faltar energia. Mas o cansaço de fazer o que deve ser feito é vital.

Abri mão de muita coisa de forma consciente, mas quando você está nesse caminho, aprende a apreciar a sua jornada. Digo para os alunos: "Sua primeira venda será mais difícil que a décima. A décima será mais difícil que a centésima, mas vale a pena".

A CADA ESCOLHA, UMA RENÚNCIA. DO QUE VOCÊ VAI ABRIR MÃO EM BUSCA DO SEU SONHO?

QUAL DECISÃO VOCÊ VAI TOMAR QUANDO TERMINAR DE LER ESTE LIVRO?

PERMITA-SE!

RESPEITE SUA FASE.

NÃO SE COMPARE.

FABRIQUE TEMPO NO SEU DIA.

DEIXE DE SER CONTROLADOR, CENTRALIZADOR, PEÇA AJUDA.

PLANEJAR É DEFINIR PRIORIDADES.

BUSQUE UM MÉTODO.

APRENDA A FALAR NÃO (INCLUSIVE PARA SUAS PRÓPRIAS DISTRAÇÕES, POR ISSO, PARE DE ABRIR REDES SOCIAIS O DIA TODO).

FAÇA ALGO POR VOCÊ, ALGO DE QUE GOSTE, QUE TE ENERGIZE.

CONSIDERAÇÕES FINAIS

O ciclo do extraordinário

No começo, eu era muito perfeccionista e deixava de fazer muita coisa por achar que nada estava bom, além de dizer para mim mesma que estava ruim, que eu não sabia fazer. E quem não tem essa característica realiza muito mais.

Todo produto tem o ciclo do extraordinário. O iPhone, por exemplo, lançou a sua primeira versão e fez o maior sucesso. Se você usa a versão 13 hoje, com certeza não conseguirá usar a primeira. Tudo tem um ciclo. E, ao colocar uma oferta no ar, tenha em mente que será o seu iPhone 1, mas é a partir dele que você vai melhorar e chegar nas versões mais evoluídas.

Minhas cachorrinhas Amora e Magali fazem suas necessidades em dois pontos da casa, nos tapetinhos higiênicos. Eu sou adestradora? Sou especialista em cachorro? Não. Mas posso ensinar como fiz para minhas cachorrinhas chegarem a esse resultado. Quando tenho essa visão, me comparando com um adestrador, claro que não tem o que comparar em questão de conhecimento, mas consigo fazer uma oferta que permita uma transformação na vida do meu cliente. Posso dizer como ensinei meu cachorrinho a fazer as necessidades no local onde escolhi. Sem dúvida, essa é uma dor que muita gente vai querer saber como sarar. O formato de case te ajuda a vencer o perfeccionismo e as pessoas se interessam até mais. Não estou falando que você vai conseguir, estou dizendo como eu consegui.

Se eu superei uma trava para produzir meus próprios vídeos, posso mostrar/ensinar como venci o medo/pânico de gravar vídeos, e você poderá superar também.

São pequenas nuances que conseguem te ajudar a vencer o processo de perfeccionismo, bem congruente com a insegurança. Quando colocamos a transformação "como fiz isso", "como gero xx em vendas na internet", "como construí um negócio que gera xx pela internet", as pessoas querem saber como fazer, querem ver casos reais de transformação. Gera muita conexão porque se uma pessoa comum fez, ela também é capaz de fazer.

E se eu colocar "Como ensinei o meu cachorro a fazer xixi no lugar onde eu queria, independentemente da raça e da idade"? Quando você tem essa capacidade, você se destaca, se diferencia no mercado e da manada que usa as técnicas comerciais convencionais.

Outro exemplo: "Como toquei a minha primeira música no piano em 3 dias". Essa é a fase inicial, embrionária, do meu ciclo e, com o passar do tempo, vou adicionar novas versões para aquela oferta. Em três, seis meses ou um ano, pode ser "Como aprendi um repertório de 10 músicas no piano em 7 dias começando do zero". Quando você entende essa dinâmica e se liberta do perfeccionismo, pode aplicar para qualquer coisa.

Ao ter clareza do ciclo de extraordinário de um produto, você se dará o direito de lançar a sua primeira versão. Mas se você quiser dar um curso de formação clássica de piano com partitura, seu primeiro curso nunca sairá do papel.

Não subestime a sua fase inicial. Qual a primeira transformação tangível que o seu produto causa? Não interessa se tem um milhão de experts no mercado sobre aquele tema. Você tem a capacidade de gerar uma transformação mesmo que simples. Cada um tem a sua forma particular de colocar isso no mercado. Pense em quantos cursos de inglês existem. Isso impede que alguém lance mais um? Não! Tem gente que gosta de um método, tem gente que gosta de outro. Tem gente que vai se conectar mais com um expert do que com o outro.

O que vai te diferenciar não é isso, mas sua capacidade de tomar essa decisão e construir o ciclo do seu produto. Os grandes players já viveram esse ciclo, já tiveram a sua primeira versão e lançaram, muitas vezes, algo mais simples do que você imagina.

Quando digo que gravo meus cursos usando o meu fone de ouvido e um programa de captura de tela do PowerPoint, muita gente não acredita. Você não precisa do equipamento mais avançado. Apenas certeza do que quer e muito estudo para permitir que seu cérebro encontre as soluções.

Um professor de Educação Física lançou um e-book escrito em um final de semana na praia com a seguinte chamada: "Personal trainer revela os 3 movimentos testados para secar a barriga com 6 minutos por dia". Perceba que é a partir da primeira versão que você terá a possibilidade de fazer outras melhores. Não tem outro caminho. Vivemos em uma sociedade que exige o tempo todo que sejamos o melhor, o maior. Não olhe para isso. Busque ser eficiente. E quanto mais gente no digital, maior a consciência dessa cultura para amadurecer o mercado e ter ainda mais pessoas comprando pela internet.

Minha mãe tem 72 anos e comprou o seu primeiro livro digital durante a pandemia. A internet é hoje um mar azul para você produzir e se colocar no mercado. Vença o excesso de perfeccionismo e se dê o direito de viver o ciclo das suas ofertas, daquilo que você se propõe a vender. Tenha a consciência de que essa é a primeira versão e que você vai trabalhar para que ela fique cada vez melhor. E, assim, quebre esse paradigma e siga rumo à construção do seu ciclo do extraordinário.

Comece simples, reconhecendo que você está fazendo. Pare de se comparar. O crescimento no início é lento antes de dar o pico. E lembre-se: você só precisa acertar uma carta de vendas para ter oxigênio, estruturar o negócio e crescer.

Quando comecei a fazer Muay Thai, meus movimentos eram tortos, desengonçados, batia tudo errado. Agora que já estou na oitava aula, consigo aplicar as técnicas muito melhor coordenadas. O que estou fazendo? Construindo o meu ciclo do extraordinário.

Olhe para outra pessoa que está em um estágio mais avançado que você e se inspire. Não se compare nem se coloque para baixo. Inseguranças são naturais, mas temos que superá-las.

Vamos vencer os perfeccionismos que abafam tantos gênios ocultos.

Acredite, você pode mudar o mundo!

Para você se inspirar em quem já fez até dar certo, te convido a assistir algumas entrevistas com meus alunos do curso Digital sem Barreiras. Basta apontar a câmera do seu celular para o QR Code a seguir.

Transformação pessoal, crescimento contínuo, aprendizado com equilíbrio e consciência elevada. Essas palavras fazem sentido para você? Se você busca a sua evolução espiritual, acesse os nossos sites e redes sociais:

Leia Luz – o canal da Luz da Serra Editora no YouTube:

Conheça também nosso Selo MAP – Mentes de Alta Performance:

No Instagram:

Luz da Serra Editora no Instagram:

No Facebook:

Luz da Serra Editora no Facebook:

Conheça todos os nossos livros acessando nossa loja virtual:

Conheça os sites das outras empresas do Grupo Luz da Serra:

luzdaserra.com.br
iniciados.com.br

luzdaserra

Luz da Serra® EDITORA

Avenida Quinze de Novembro, 785 – Centro
Nova Petrópolis / RS – CEP 95150-000
Fone: (54) 3281-4399 / (54) 99113-7657
E-mail: loja@luzdaserra.com.br

Impressão e Acabamento | Gráfica Viena
www.graficaviena.com.br
Santa Cruz do Rio Pardo – SP, ano 2021